Visual Basic.Net 程序设计习题集

张健　陈晨　主编

南开大学出版社
天　津

图书在版编目(CIP)数据

Visual Basic. Net 程序设计习题集 / 张健, 陈晨主编.
—天津：南开大学出版社，2016.2
ISBN 978-7-310-05061-1

Ⅰ.①V… Ⅱ.①张… ②陈… Ⅲ.①BASIC语言—程序设计—高等学校—习题集 Ⅳ.①TP312—44

中国版本图书馆 CIP 数据核字(2016)第 017831 号

版权所有　侵权必究

南开大学出版社出版发行
出版人：孙克强
地址：天津市南开区卫津路 94 号　　邮政编码：300071
营销部电话：(022)23508339　23500755
营销部传真：(022)23508542　邮购部电话：(022)23502200

*

唐山新苑印务有限公司印刷
全国各地新华书店经销

*

2016 年 2 月第 1 版　　2016 年 2 月第 1 次印刷
260×185 毫米　16 开本　13.75 印张　308 千字
定价：24.00 元

如遇图书印装质量问题，请与本社营销部联系调换，电话：(022)23507125

前 言

随着计算机技术的快速发展，微软公司于 2002 年推出了 Visual Studio.Net 新技术，它在语言上完全支持面向对象和.Net 框架这两大新特性，是专业的跨平台的开发工具。Visual Basic.Net 是.Net 技术的一个重要组成部分，它具有界面友好、使用方便、简单易学、功能丰富等特点，是一种完全面向对象的程序设计语言。

本书结合"Visual Basic.Net 程序设计"课程的教学情况，在章节安排上与主教材的章节一致，通过丰富的题目设计帮助读者多学多练，使他们深入理解教学内容，并巩固知识和提高能力。每一章的习题集都分为选择题和填空题，每一章都提供了丰富的题目，涵盖章节所有知识点，使读者得到充分的练习。

需要说明的是，本书在给出所有题目答案的同时还对部分题目给出了提示，读者不要被书中的代码和思路所束缚，编程的方法有很多，关键要开拓思路，提高分析问题、解决问题的能力。

本书两位编者都长期从事"Visual Basic.Net 程序设计"课程的教学工作，第 1 章至第 4 章由陈晨老师编写，第 5 章至第 7 章由张健老师编写，全书由张健老师统稿和审校。

本书读者可与编者取得联系索取相关资料。我们的联系方式如下：

E-mail:bfb@nankai.edu.cn

由于编者水平有限，疏漏和不妥之处在所难免，恳请专家和广大读者批评指正。

编　者

2015 年 12 月于南开大学

目 录

习 题 部 分

第一章　**VB.NET** 入门基础 ·· 3
　　一、选择题 ·· 3
　　二、填空题 ·· 8
第二章　面向对象的可视化编程基础 ·· 9
　　一、选择题 ·· 9
　　二、填空题 ·· 23
第三章　**VB.NET** 程序设计基础 ··· 26
　　一、选择题 ·· 26
　　二、填空题 ·· 44
第四章　基本控制结构 ·· 48
　　一、选择题 ·· 48
　　二、填空题 ·· 96
第五章　数组 ··· 111
　　一、选择题 ·· 111
　　二、填空题 ·· 128
第六章　过程 ··· 142
　　一、选择题 ·· 142
　　二、填空题 ·· 160
第七章　用户界面设计 ··· 172
　　一、选择题 ·· 172
　　二、填空题 ·· 180

答 案 部 分

第一章　**VB.NET** 入门基础答案 ·· 185
第二章　面向对象的可视化编程基础答案 ··································· 186
第三章　**VB.NET** 程序设计基础答案 ······································· 188
第四章　基本控制结构答案 ··· 192
第五章　数组答案 ··· 196
第六章　过程答案 ··· 205
第七章　用户界面设计答案 ··· 209

习题部分

民國叢公

第一章 VB.NET 入门基础

一、选择题

1. 以下叙述中正确的是_____。
A. 在属性窗口可以设置任何对象的属性
B. 在属性窗口只能设置窗体的属性
C. 在属性窗口可以设置窗体和控件的属性
D. 在属性窗口只能设置控件的属性

2. 在设计阶段，当双击窗体上的某个控件时，所打开的窗口是_____。
A. 工程资源管理器窗口
B. 工具箱窗口
C. 代码窗口
D. 属性窗口

3. 在代码编辑器中，如果一条语句过长，不能在一行内写下，则需要折行书写，这是通过在行末使用续行符来实现的，该续行符表示为_____。
A. 一个下划字符
B. 一个空格加一个下划字符
C. 一个空格加一个连字符
D. 回车

4. 以下不属于 Visual Basic.Net 系统的文件类型是_____。
A. doc
B. sln
C. vbproj
D. vb

5. 在 Visual Studio.NET 的集成开发环境中，_____不是该环境的编程语言。
A. VB
B. C++

C. Pascal
D. J#

6. 在一个语句内写多条语句时，每个语句之间用_____符号分隔。
A. ,
B. :
C. 、
D. ;

7. 在集成开发环境中有两类窗口：浮动窗口和固定窗口。下面不属于浮动窗口的是_____。
A. 工具箱窗口
B. 属性窗口
C. 立即窗口
D. 窗体窗口

8. 在 VB.NET 集成环境中创建 VB.NET 应用程序时，除了工具箱窗口、窗体窗口和属性窗口外，必不可少的窗口是_____。
A. 窗体布局窗口
B. 立即窗口
C. 代码窗口
D. 监视窗口

9. 当创建一个项目名为 Example 的项目时，该项目的所有代码文件将保存在_____文件夹下。
A. My Documents
B. VB.NET
C. Example
D. Windows

10. 将 Visual Basic.Net 调试通过后生成的.exe 可执行文件放到其他机器上不能运行的主要原因是_____。
A. 运行的机器上面无 Visual Basic.Net 系统
B. 缺少.frm 窗体文件
C. 该可执行文件有病毒
D. 以上原因都不对

11. 在集成开发环境中有两类窗口：浮动窗口和固定窗口。下面不属于固定窗口的是_____。
   A. 主窗口
   B. 属性窗口
   C. 代码设计窗口
   D. 窗体设计窗口

12. 在以下关于 Visual Basic.Net 编码规则的说法中，错误的是_____。
   A. 代码区分英文字符的大小写
   B. 关键字的首字母被转换成大写，其余字母小写
   C. 以第一次定义的变量、过程名为准
   D. 一行可以书写多条语句，一条语句可以分多行书写

13. 在下列窗口中，_____可以查看与项目有关的所有文件。
   A. 解决方案资源管理器
   B. 属性窗口
   C. 起始页
   D. 任务列表

14. 在下列有关 VB.NET 项目文件的叙述中，不正确的是_____。
   A. 单击工具栏上的按钮，可以保存项目的所有相关文件
   B. 执行"文件|关闭项目"命令，可以将当前项目的所有文件关闭
   C. 保存新项目时，系统自动创建一个与项目名称同名的文件夹
   D. 打开扩展名为.vb 的文件，就能打开项目文件

15. 关于 VB.NET 项目文件组成，以下说法错误的是_____。
   A. 保存项目后，VB.NET 以项目名称新建一个文件夹
   B. 项目文件存储窗体、类引用等相关信息
   C. 运行项目后，VB.NET 自动生成 Bin 和 Obj 文件夹
   D. 双击项目的.vb 文件，就可以打开应用程序，进行编辑和运行

16. 以下叙述错误的是_____。
   A. 打开一个项目解决方案文件时，系统自动装入与该项目有关的窗体、标准模块等文件
   B. VB.NET 程序运行时的当前目录是 Bin\Debug 目录
   C. VB.NET 应用程序以解释方式运行
   D. 事件可以由用户引发，也可以由系统引发

17. 以下叙述中错误的是_____。
   A. VB.NET 可以自动对输入的内容进行语法检查
   B. 续行符与它前面的字符之间至少要有一个空格
   C. VB.NET 中使用的续行符为下划线（_）
   D. 以撇号（'）开头的注释语句可以放在续行符的后面

18. 下列打开"代码"窗口的操作中错误的是_____。
   A. 双击窗体或者控件
   B. 按 F4 键
   C. 单击"视图"菜单中的"代码"命令
   D. 单击"解决方案资源管理器"窗口的"查看代码"按钮

19. 以下叙述错误的是_____。
   A. 在解决方案资源管理器窗口中只能包含一个项目文件及属于该项目的其他文件
   B. 以.sln 为扩展名的文件是解决方案文件
   C. 窗体文件包含该窗体及其控件的属性
   D. 一个项目中可以含有多个标准模块文件

20. 下面关于 VB.NET 程序结构的说法中，错误的是_____。
   A. 在窗体类中，程序代码是块结构
   B. imports 要使用的命名空间，应该写在窗体类的上面
   C. Windows 应用程序的主体是事件过程，控制台程序的主体是 Main 过程
   D. 事件过程和自定义过程的位置前后有关系

21. 当标签的内容太长，需要根据内容自动调整标签的大小时，应设置标签的_____属性为 True。
   A. AutoSize
   B. WordWrap
   C. Enabled
   D. Visible

22. 在设计阶段，双击窗体 Form1 的空白处，打开"代码"窗口，显示_____事件过程。
   A. Form_Click
   B. Form1_Load
   C. Form_Load
   D. Form1_Click

23. 图片框有一个属性，可以自动调整加载图片以适应图片框的大小，这个属性是_____。
A. SizeMode
B. Stretch
C. AutoResize
D. Zoom

24. 当按下 Tab 键使光标离开当前文本框或用鼠标选择窗体中的其他对象时触发_____事件。
A. Leave
B. Enter
C. Focus
D. Change

25. 为了把焦点移到某个指定的控件，所使用的方法是_____。
A. Focus
B. Visible
C. Refresh
D. GetFocus

26. 以下关于图片框控件 PictureBox 的说法中，错误的是_____。
A. Image 属性用于设置显示在控件上的图片
B. 当程序要清除已装入的图片时，可以用语句：控件名.Image = Nothing
C. SizeMode 属性用于控制图片框中显示图片的大小
D. 如果使图片框随加载图片的大小而改变，则需要将 SizeMode 属性设置为 Normal

27. 要使一个文本框具有水平和垂直滚动条，则应先将其 MultiLine 属性设置为 True，然后再将 ScrollBars 属性设置为_____。
A. None
B. Horizontal
C. Vertical
D. Both

28. 为了在按下回车键时执行某个命令按钮的事件过程，需要把该命令按钮的一个属性设置为 True，这个属性是_____。
A. Value
B. Cancel
C. Enabled

D. Default

二、填空题

1. 当进入 VB.NET 集成开发环境时，发现没有显示"工具箱"窗口，应选择"视图"菜单中的_____选项，使"工具箱"窗口显示出来，并最好将其窗口的属性设置为"可停靠"。

2. 属性窗口的属性可以按照分类和_____的顺序排列。

3. VB.NET 项目窗体文件的扩展名是_____。

4. VB.NET 项目文件的扩展名是_____。

5. VB.NET 解决方案文件的扩展名是_____。

6. 执行"项目"菜单中的_____命令，可以添加一个标准模块。

第二章 面向对象的可视化编程基础

一、选择题

1. 在窗体上有一个名称为 TextBox1 的文本框，然后编写如下的事件过程：
   Private Sub TextBox1_KeyPress(…)
   ……
   End Sub
若焦点位于文本框中，则能够触发 KeyPress 事件的操作是_____。
   A. 单击鼠标
   B. 双击文本框
   C. 鼠标滑过文本框
   D. 按下键盘上的某个键

2. 设窗体上有一个图片框 PictureBox1，要在程序运行期间装入当前文件夹下的图形文件 File1.jpg，能实现此功能的语句是_____。
   A. PictureBox1.Image="Flie1.jpg"
   B. PictureBox1.Image=Image.FromFile("File1.jpg")
   C. LoadPicture("File1.jpg")
   D. Call Image.FromFile ("File1.jpg")

3. 有程序代码如下：
   TextBox1.Text="Text"
则 TextBox1、Text、"Text"分别代表_____。
   A. 对象、值、属性
   B. 对象、方法、属性
   C. 对象、属性、值
   D. 属性、对象、值

4. 下面控件中，没有 Text 属性的是_____。
   A. 复选框
   B. 单选按钮

C. 定时器
D. 分组

5. 下面不是键盘事件的是_____。
A. KeyPress
B. KeyUp
C. KeyCode
D. KeyDown

6. 将文本框的_____属性设置为 True 时，文本框可以输入或显示多行文本，且会在输入的内容超出文本框的宽度时自动换行。
A. MultiLine
B. ScrollBars
C. Text
D. Enabled

7. 要判断在文本框内是否按下了回车键，可以在文本框的_____事件过程中进行判断。
A. Change
B. Click
C. KeyPress
D. GotFocus

8. 将文本框的 ScrollBars 属性设置为非零值，却没有效果，原因是_____。
A. 文本框中没有内容
B. 文本框的 MultiLine 属性值为 False
C. 文本框的 MultiLine 属性值为 True
D. 文本框的 Locked 属性值为 True

9. 若要使标签控件显示时不覆盖窗体的背景图案，要对_____属性进行设置。
A. BackColor
B. BorderStyle
C. ForeColor
D. BackStyle

10. 在 Visual Basic.NET 中最基本的对象是_____，它是应用程序的基石，是其他控件的容器。
A. 文本框
B. 命令按钮

C. 窗体
D. 标签

11. 有程序代码如下：
    TextBox1.Text="Visual Basic .NET"
则：TextBox1、Text 和"Visual Basic .NET"分别代表_____。
A. 对象，值，属性
B. 对象，方法，属性
C. 对象，属性，值
D. 属性，对象，值

12. 如果文本框的 Enabled 属性设为 False，则_____。
A. 文本框的文本将变成灰色，并且此时用户不能将光标置于文本框上
B. 文本框的文本将变成灰色，用户能将光标置于文本框上，但是不能改变文本框中的内容
C. 文本框的文本将变成灰色，用户仍然能改变文本框中的内容
D. 文本框的文本正常显示，用户能将光标置于文本框上，但是不能改变文本框中的内容

13. 为了让焦点按照顺序在各个控件之上移动，应对_____进行设置。
A. 控件的 TabIndex 属性
B. 控件的 TabStop 属性
C. 控件的 Focus 属性
D. 控件的 Enabled 属性

14. 图片框控件的_____属性用来调整其中显示图片的大小。
A. Image
B. SizeMode
C. BorderStyle
D. Location

15. 窗体上有一个名称为 TextBox1 的文本框，要求该文本框只能显示信息不能输入信息，以下实现该操作的语句是_____。
A. TextBox1.Maxlength = 0
B. TextBox1.Enabled = False
C. TextBox1.Visible = False
D. TextBox1.Width = 0

16. 在窗体上有一个名称为 Label1 的标签、两个名称分别为 Button1（开始）和 Button2（停止）的命令按钮、一个名称为 Timer1 的计时器，并把其 Interval 属性设置为 500，如图所示：

编写如下程序：
```
    Private Sub Button1_Click(...)
        Timer1.Enabled = True
    End Sub
    Private Sub Button2_Click(...)
        Timer1.Enabled = False
    End Sub
    Private Sub Form_Load(...)
        Timer1.Enabled = False
    End Sub
    Private Sub Timer1_Tick(...)
        If Label1.Left < Width Then
            Label1.Left = Label1.Left + 20
        Else
            Label1.Left = 0
        End If
    End Sub
```
程序运行后单击"开始"按钮，标签 Label1 在窗体中移动。
对于这个程序，以下叙述中错误的是_____。
A. 标签的移动方向为自右向左
B. 单击"停止"按钮后再单击"开始"按钮，其标签从停止的位置继续移动
C. 当标签全部移出窗体后，将从窗体的另一端出现并重新移动
D. 标签按指定的时间间隔移动

17. 以下关于窗体的描述中，错误的是_____。
A. 执行 Form1.close()语句后，窗体 Form1 消失，但仍在内存中

B. 窗体的 Load 事件在加载窗体时发生
C. 当窗体的 Enabled 属性为 False 时，通过鼠标和键盘对窗体的操作都被禁止
D. 窗体的 Height、Width 属性用于设置窗体的高和宽

18. 窗体上有一个名称为 TextBox1 的文本框，并编写如下程序：
    Private Sub Form1_Load(...)
        TextBox1.Text = ""
        TextBox1.Focus()
    End Sub

    Private Sub Form1_MouseUp(...)
        MsgBox("程序设计")
    End Sub

    Private Sub TextBox1_KeyDown(...)
        MsgBox("Visual Basic")
    End Sub
程序运行后，先按 A 键，然后单击窗体，则显示的内容是_____。
A. 只显示"Visual Basic"的信息框
B. 只显示"程序设计"的信息框
C. 不显示任何信息框
D. "Visual Basic"的信息框和"程序设计"的信息框都显示

19. 以下叙述错误的是_____。
A. 双击鼠标可以触发 DoubleClick 事件
B. 窗体或控件的事件的名称可以由编程人员确定
C. 点击移动鼠标时，会触发 MouseDown 事件
D. 控件的名称可以由编程人员设定

20. 以下叙述中正确的是_____。
A. 窗体的 Name 属性指定窗体的名称，用来标识一个窗体
B. 窗体的 Name 属性值是显示在窗体标题栏中的文本
C. 可以在运行期间改变窗体的 Name 属性的值
D. 窗体的 Name 属性值可以为空

21. 在窗体上有一个文本框（其名称为 TextBox1）和一个标签（其名称为 Label1），程序运行后，如果在文本框中输入指定的信息，则立即在标签中显示相同的内容。如下可以实现上述操作的事件过程是_____。

A. Private Sub TextBox1_Click(...)
    Label1.Text=TextBox1.Text
  End Sub
B. Private Sub TextBox1_TextChanged(...)
    Label1.Text=TextBox1.Text
  End Sub
C. Private Sub Label1_TextChanged(...)
    Label1.Text=TextBox1.Text
  End Sub
D. Private Sub Label1_Click(...)
    Label1.Text=TextBox1.Text
  End Sub

22. 设在名称为 Form1 的窗体上只有一个名称为 Button1 的命令按钮，下面叙述中正确的是_____。
A. 窗体的 Click 事件过程的过程名是 Form_Click
B. 命令按钮的 Click 事件过程名是 Button_Click
C. 命令按钮的 Click 事件过程的过程名是 Button1_Click
D. 上述三个事件过程名称都是错误的

23. 若设置了文本框的属性 PassWordChar="$"，则运行程序时向文本框中输入 8 个任意字符后，文本框中显示的是_____。
A. 8 个"$"
B. 1 个"$"
C. 8 个"*"
D. 无任何内容

24. 在窗体上有一个文件名称为 TextBox1 的文本框和一个名称为 Button1 的命令按钮，要求在程序执行时，每单击命令按钮一次，文本框向右移动一定距离，下面能够正确实现上述功能的程序是_____。
A. Private Sub Button1_Click(...)
    TextBox1.Left=100
  End Sub
B. Private Sub Button1_Click(...)
    TextBox1.Left = TextBox1.Left - 100
  End Sub
C. Private Sub Button1_Click(...)
    TextBox1.Left = TextBox1.Left + 100

End Sub
D. Private Sub Button1_Click(...)
    TextBox1.Right = TextBox1.Right + 100
End Sub

25. 在窗体上有一个名为 TextBox1 的文本框,当光标在文本框中时,如果按下字母键 A,则被调用的事件过程是_____。
A. Form_KeyPress
B. TextBox1_Leave
C. TextBox1_Click
D. TextBox1_TextChanged

26. 设在窗体上有一个名称为 Button1 的命令按钮和一个名称为 TextBox1 的文本框,要求单击 Button1 时可把光标移到文本框中,下面正确的事件过程是_____。
A. Private Sub Button1_Click(...)
    Button1.Focus()
End Sub
B. Private Sub
    Button1.Focus()
End Sub
C. Private Sub Button1_Click(...)
    TextBox1.Focus()
End Sub
D. Private Sub
    TextBox1.Focus()
End Sub

27. 程序中有以下事件过程,则当程序运行时_____。
Private Sub MouseDown_Click(...)
    MsgBox("VB Program")
End Sub
A. 用鼠标左键单击名称为 Button1 的命令按钮时,执行此过程
B. 用鼠标左键单击名称为 MouseDown 的命令按钮时,执行此过程
C. 用鼠标右键单击名称为 MouseDown 的命令按钮时,执行此过程
D. 用鼠标右键单击名称为 Click 的命令按钮时,执行此过程

28. 窗体上有名称为 Button1 的命令按钮和名称为 TextBox1 的文本框:
Private Sub Button1_Click(...)

```
        TextBox1.Text="程序设计"
        TextBox1.Focus()
    End Sub
    Private Sub TextBox1_Enter(...)
        TextBox1.Text="等级考试"
    End Sub
```
运行以上程序，单击命令按钮后_____。
A. 文本框中显示的是"程序设计"，且焦点在文本框中
B. 文本框中显示的是"等级考试"，且焦点在文本框中
C. 文本框中显示的是"程序设计"，且焦点在命令按钮上
D. 文本框中显示的是"等级考试"，且焦点在命令按钮上

29. 设窗体的名称为Form1，标题为Win，则窗体的Activated事件过程的过程名是_____。
A. Form1_Activated
B. Win_Activated
C. Form_Activated
D. Activated_Form1

30. 以下关于窗体的叙述中，错误的是_____。
A. 窗体的Name属性用于标识一个窗体
B. 运行程序时，改变窗体大小，能够触发窗体的Resize事件
C. 窗体的Enabled属性为False时，不能响应单击窗体事件
D. 程序运行期间，可以改变窗体的Name属性值

31. 要使标签中显示的文本靠右上显示，则应将其TextAlign属性设置为_____。
A. TopCenter
B. TopRight
C. TopLeft
D. MiddleRight

32. 为了使文本框中的文本能够水平滚动，应采取的正确方法是_____。
A. 同时把文本框的ScrollBars属性设置为Horizontal，MultiLine属性设置为True
B. 同时把文本框的 ScrollBars 属性设置为 Horizontal，MultiLine 属性设置为 True，WordWrap 属性设置为 False
C. 同时把文本框的MultiLine属性设置为True，WordWrap属性设置为False
D. 把文本框的ScrollBars属性设置为Horizontal即可

33. 下列关于标签的描述中，错误的是_____。
A. 标签上显示的文本就是 Text 属性的值
B. 标签不能响应 DoubleClick 事件
C. 标签可以响应 Click 事件
D. 为了使标签的 TextAlign 属性起作用，必须将其 AutoSize 属性设置为 False

34. 设置文本框的 ScrollBars 属性无效，原因是_____。
A. 文本框中没有内容
B. 文本框的 MultiLine 属性值为 False
C. 文本框的 MultiLine 属性值为 True
D. 文本框的 Locked 属性值为 True

35. 窗体（名称为 Form1）上有一个名称为 TextBox1 的文本框和一个名称为 Button1 的命令按钮，然后编写一个事件过程。程序运行后，如果在文本框中输入一个字符，则把命令按钮的标题设置为"计算机等级考试"。以下能实现上述操作的事件过程是_____。
A. Private Sub TextBox1_TextChanged()
          Button1.Text = "计算机等级考试"
      End Sub
B. Private Sub Button1_Click()
          Button1.Text = "计算机等级考试"
      End Sub
C. Private Sub Form1_Click()
          TextBox1.Text = "计算机等级考试"
      End Sub
D. Private Sub Button1_Click()
          TextBox1.Text = "计算机等级考试"
      End Sub

36. 命令按钮不支持的事件为_____。
A. Enter
B. MouseMove
C. DoubleClick
D. Click

37. 以下控件中，能显示滚动条的是_____。
A. TextBox
B. PictureBox
C. Label

D. Button

38. 要使一个标签的背景色与窗体相同且不具有边框，则应_____。
A. 将其 BackColor 属性设置为 Transparent，BorderStyle 属性设置为 None
B. 将其 BackColor 属性设置为 Control，BorderStyle 属性设置为 None
C. 将其 BackColor 属性设置为 Control，BorderStyle 属性设置为 Fixed3D
D. 将其 BackColor 属性设置为 Transparent，BorderStyle 属性设置为 Fixed3D

39. 能够获得一个文本框中被选中文本内容的属性是_____。
A. Text
B. Length
C. SelectedText
D. SelectionStart

40. 若使标签(Label)显示所需要的文本，则在程序中应设置_____属性的值。
A. TextAlign
B. Text
C. Name
D. AutoSize

41. 当窗体上添加了一个标签控件后，标签控件缺省的 Name 属性和 Text 属性为_____；执行语句 Label1.Text="VisualBasic.Net"之后，标签控件的 Text 属性为 VisualBasic.Net。
A. Label
B. Text
C. Label1
D. L1

42. 在运行阶段，要在文本框 TextBox1 获得焦点时选中文本框中所有内容，对应的事件过程是_____。
A. Private Sub TextBox1_Enter()
   　　TextBox1.SelectionStart=0
   　　TextBox1.SelectionLength=Len(TextBox1.Text)
   　End Sub
B. Private Sub TextBox1_Leave()
   　　TextBox1.SelectionStart=0
   　　TextBox1.SelectionLength=Len(TextBox1.Text)
   　End Sub
C. Private Sub TextBox1_Change()

TextBox1.SelectionStart=0
        TextBox1.SelectionLength=Len(TextBox1.Text)
    End Sub
D. Private Sub TextBox1_SetFocus()
        TextBox1.SelectionStart=0
        TextBox1.SelectionLength=Len(TextBox1.Text)
    End Sub

43. 下列_____控件不属于可视化控件。
A. 文本框
B. 标签
C. 列表框
D. 计时器

44. 以下能够触发文本框 TextChanged 事件的操作是_____。
A. 文本框失去焦点
B. 文本框获得焦点
C. 设置文本框的焦点
D. 改变文本框的内容

45. 将窗体的_____属性设置为 False 后，运行时窗体上的按钮就不会对用户的操作做出响应。
A. ControlBox
B. Visible
C. Enabled
D. BorderStyle

46. 要把一个命令按钮设置成无效，应设置其_____属性值。
A. Visible
B. Enabled
C. Default
D. Cancel

47. 程序运行时，当用户向文本框输入新的内容，或在程序代码中对文本框的 Text 属性进行赋值从而改变了文本框的 Text 属性时，将触发文本框的_____事件。
A. Click
B. DoubleClick
C. Enter

D. TextChanged

48. 在窗体上有若干控件，其中有一个名称为 TextBox1 的文本框。影响 TextBox1 的 Tab 顺序的属性是_____。
   A. TabStop
   B. Enable
   C. Visible
   D. TabIndex

49. 要使标签(Label)能够显示所需要的文本，则在程序中应设置_____属性的值。
   A. Text
   B. TextAlign
   C. Name
   D. AutoSize

50. 任何控件都具有_____属性。
   A. Test
   B. Text
   C. Name
   D. ForeColor

51. 决定控件上文字的字体、字形、大小、效果的属性是_____。
   A. Text
   B. TextBox
   C. Name
   D. Font

52. 能够改变窗体边框类型的属性是_____。
   A. FormBorderStyle
   B. BorderStyle
   C. BackStyle
   D. Border

53. 如果设计时在属性窗口将命令按钮的_____属性设置为 False，则运行时按钮从窗体上消失。
   A. Enabled
   B. Default
   C. Value

D. Visible

54. 如果要使窗体的最大化按钮变成灰色，应设置窗体的_____属性。
A. Icon
B. ControlBox
C. MaximizeBox
D. MinimizeBox

55. 如果要设置窗体的图标，应修改窗体的_____属性。
A. Icon
B. ControlBox
C. MaximizeBox
D. MinimizeBox

56. 要使窗体边框不能改变，保留最大化和最小化按钮，应设置窗体的_____属性。
A. FormBorderStyle
B. ControlBox
C. MaximizeBox
D. MinimizeBox

57. 要想改变一个窗体的标题内容，则应设置_____属性的值。
A. Name
B. FontName
C. Text
D. TextBox

58. 决定一个窗体有无控制菜单框的属性是_____。
A. MinimizeBox
B. Text
C. MaximizeBox
D. ControlBox

59. 以下关于焦点的叙述中，错误的是_____。
A. 如果文本框的 TabStop 属性为 False，则不能接收从键盘上输入的数据
B. 当文本框失去焦点时，触发 Leave 事件
C. 当文本框的 Enabled 属性为 False 时，其 Tab 顺序不起作用
D. 可以用 TabIndex 属性改变 Tab 顺序

60. 项目名为 Example，在窗体上建立了名称为 PictureBox1 的图片框控件，若要在代码窗口中装入图片，语句如下：
   PictureBox1.Image = Image.FromFile("图片文件名")
图片文件存放的当前路径应该为_____。
   A. Example
   B. Example\Bin\Debug
   C. Example\Bin
   D. \

61. 若要使标签控件显示时不覆盖窗体的背景图案，就要对_____属性进行设置。
   A. BackColor
   B. BorderStyle
   C. ForeColor
   D. BackStyle

62. 要使文本框中的文字不能修改，最好对_____属性进行设置。
   A. Locked
   B. Visible
   C. Enabled
   D. ReadOnly

63. 要使当前 Form1 窗体的标题栏显示"欢迎使用 VB.NET"，在代码窗口进行设置，以下_____语句是正确的。
   A. Form1.Text="欢迎使用 VB.NET"
   B. Me.Text="欢迎使用 VB.NET"
   C. Form1.Name="欢迎使用 VB.NET"
   D. Me.Name="欢迎使用 VB.NET"

64. 要判断在文本框中是否按了 Enter 键，应在文本框的_____事件中进行判断。
   A. Changed
   B. KeyDown
   C. Click
   D. KeyPress

65. 在图片框（PictureBox）控件中，SizeMode 属性用于调整图片框中显示的图片大小。下面的_____枚举值使得图片能够根据图片框的大小自动改变，而且当图片框大小变化时，能保证图片的横纵比。
   A. Zoom

B. CenterImage
C. AutoSize
D. StretchImage

二、填空题

1. 对象的方法是指对象的_____和行为。

2. 在刚建立项目时，要使窗体上的所有控件具有相同的字体和格式，应对 Form 窗体的_____属性进行设置。

3. 在文本框中，通过_____属性能够获得当前插入点所在的位置。

4. 要对文本框中已有的内容进行编辑，按键盘上的按键，就是不起作用，原因是设置了_____属性为 True。

5. 在窗体上已建立多个控件如 TextBox1、Label1、Button1，若要使程序一旦运行，焦点就定位在 Button1 控件上，应对 Button1 控件设置 TabIndex 属性值为_____。

6. 控件的事件过程名称由_____、下划线和事件名组合而成。

7. 下面是窗体 Forml 的 Click 事件过程，实现运行时每次单击窗体时，窗体均向右移动100。

  Private Sub Form_Click(...)
    Static intleft As Integer
    intleft = intleft + 100
    Me._____ = intleft
  End Sub

请填写空白处，完成本程序。

8. 确定一个控件在窗体的位置的属性是_____和_____。

9. 确定一个控件在窗体中大小的属性是_____和_____。

10. 要使一个命令按钮成为图形命令按钮，则应设置其_____属性值。

11. 下面是窗体 Form1 的 Click 事件过程，实现运行时每次单击窗体时，窗体均向右移动 100。

  Private Sub _____(...)

```
            Static intleft As Integer
            intleft = intleft + 100
            Me.Left = intleft
        End Sub
```
请填写以上程序中的事件名。

12. 为了使窗体左上角不显示控制菜单框，需设置窗体的_____属性为 False。

13. 为使图片框（PictureBox）随加载的图片大小而改变，则应设置其 SizeMode 属性为_____。

14. 为使加载的图片随图片框（PictureBox）的大小而改变，则应设置其 SizeMode 属性为_____。

15. 要使文本框获得输入焦点，则应调用文本框控件的_____方法。

16. 文本框获得焦点时触发_____事件。

17. 文本框失去焦点时触发_____事件。

18. 运行时，要让图片框控件 PictureBox1 加载 "D:\windows\abc.jpg" 图像文件，应使用语句_____。

19. 设置标签(Label)控件的背景图片的属性是_____，图片对齐方式的属性是_____。

20. 为了不遮挡窗体背景图，通过设置标签(Label)控件的_____属性为_____值，可以使标签文本以透明方式显示。

21. 通过设置标签(Label)控件的_____属性可以修改标签边框样式。

22. 如果把标签(Label)控件的_____属性设置为 False，则保持标签设计时的大小，即使正文太长也只显示一部分。

23. 用来设置文本框控件滚动条的属性是_____。

24. 如果用户在输入文本框时要求将所有输入的字符都显示为 "*"，那么需要设置文本框的_____属性。

25. 通过文本框_____事件过程可以获取文本框中输入字符的 ASCII 码值。

26. 当运行程序时，系统自动执行启动窗体的_____事件过程。

27. 执行语句 s=Len(Mid("VisualBasic",1,6))后，s 的值是_____。

第三章 VB.NET 程序设计基础

一、选择题

1. 以下合法的 Visual Basic.Net 标识符是_____。
A. ForLoop
B. Const
C. 9abc
D. a#x

2. 在窗体上有一个名称为 Button1 的命令按钮，然后编写如下事件过程：
   Private Sub Button1_Click(...)
       Dim a As String
       a = "VisualBasic"
       MsgBox(StrDup(3, a))
   End Sub
单击 Button1 命令按钮，在 MsgBox 上显示的内容是_____。
A. VVV
B. Vis
C. sic
D. ll

3. 执行以下程序：
   Private Sub Button1_Click(...)
       Dim a, X, Y, Z As String
       Dim i As Integer
       a = "abbacddcba"
       For i = 6 To 2 Step -2
           X = Mid(a, i, i)
           Y = Microsoft.VisualBasic.Left(a, i)
           Z = Microsoft.VisualBasic.Right(a, i)
           Z = UCase(X & Y & Z)

            Next i
            MsgBox(Z)
        End Sub
MsgBox 显示内容为_____。
   A. ABA
   B. BBABBA
   C. ABBABA
   D. AABAAB

4. 在窗体上有一个名称为 Button1 的命令按钮，编写如下事件过程：
        Private Sub Button1_Click(...)
            Dim a As Integer
            a = 12345
            MsgBox(Format(a, "000.00"))
        End Sub
单击 Button1 命令按钮，MsgBox 上显示的是_____。
   A. 123.45
   B. 12345.00
   C. 12345
   D. 00123.45

5. Rnd 函数不可能产生_____的值。
   A. 0
   B. 1
   C. 0.1234
   D. 0.00005

6. 执行以下程序段后，变量 c 的值为_____。
            Dim a$ = "Visual Basic.Net Programming"
            Dim b$ = "Quick"
            Dim c$ = b & UCase(Mid(a$, 7, 6)) & Microsoft.VisualBasic.Right(a, 12)
   A. Visual Basic.Net Programming
   B. Quick Basic Programming
   C. QUICK Basic Programming
   D. Quick BASIC Programming

7. 下列表述中不能判断 x 是否为偶数的是_____。
   A. x/2=Int(x/2)

B. x Mod 2=0
C. Fix(x/2)=x/2
D. x\2=0

8. 窗体上有一个名称为 Command1 的命令按钮，其事件过程如下：
   Private Sub Command1_Click(...)
       Dim x, a, b as String
       Dim c as Integer
       x="VisualBasicProgramming"
       a=Microsoft.VisualBasic.Right(x,11)
       b=Mid(x,7,5)
       c=MsgBox(a, ,b)
   End Sub
运行程序后单击命令按钮。以下叙述中错误的是_____。
A. 信息框的标题是 Basic
B. 信息框中的提示信息是 Programming
C. c 的值是函数的返回值
D. MsgBox 的使用格式有错

9. 以下不能输出 Program 的语句是_____。
A. Debug.Print(Microsoft.VisualBasic.Mid("VBProgram",3,7))
B. Debug.Print(Microsoft.VisualBasic.Right("VBProgram",7))
C. Debug.Print(Microsoft.VisualBasic.Mid("VBProgram",3))
D. Debug.Print(Microsoft.VisualBasic.Len("VBProgram",7))

10. 可以产生 30～50(含 30 和 50)之间的随机整数的表达式是_____。
A. Int(Rnd()*21+30)
B. Int(Rnd()*20+30)
C. Int(Rnd()*50-Rnd()*30)
D. Int(Rnd()*30+50)

11. MsgBox(DateAdd("m", 2, #8/28/2009#))显示的结果是_____。
A. 2009/10/30
B. 2009/8/30
C. 2011/8/28
D. 2009/10/28

12. 在表示长整数时，可用做长整数的尾部符号是_____。
A. #
B. !
C. &
D. $

13. 有下面的程序段：
    Dim A! = 1.2
    Dim B! = 321
    Dim C! = Len(Str(A) + Str(B))
    MsgBox(C)

执行上面的程序段，MsgBox 的输出结果是_____。
A. 5
B. 6
C. 7
D. 8

14. 值为 True 和 False 的数据类型是_____。
A. Byte
B. String
C. Boolean
D. Date

15. 表达式 Chr(Int(Rnd*10+66))产生的范围是_____。
A. "A" ~ "Z"
B. "a" ~ "z"
C. "B" ~ "K"
D. "b" ~ "k"

16. 下面属于合法的变量名的是_____。
A. X_yz
B. 123abc
C. Integer
D. X-Y

17. 下面属于不合法的整常数的是_____。
A. 100
B. &O100

C. H100

D. %100

18. 下面属于合法的 Visual Basic.Net 字符常数的是_____。
   A. ABC$
   B. "ABC"
   C. 'ABC'
   D. ABC

19. 下面属于合法的单精度型变量的是_____。
   A. mun！
   B. sum%
   C. xinte$
   D. mm#

20. 下面属于不合法的双精度常数的是_____。
   A. 100#
   B. 100.0
   C. 1E+2
   D. 100.0D+2

21. 都是 Visual Basic.NET 中的数据类型的选项是_____。
   A. Short、Integer、Long、Float、Double
   B. Short、Int、Long、Single、Double
   C. Integer、Long、Single、Double、Decimal
   D. Boolean、Byte、Bit、Decimal、Date

22. 数据类型为 Long 的变量在内存中占用的字节数为_____。
   A. 1
   B. 2
   C. 4
   D. 8

23. 以下定义常量不正确的语句是_____。
   A. Const Num As Integer=200
   B. Const Num1 As Long=200, Sstr$="World"
   C. Const Sstr$="World"
   D. Const Num$=#World#

24. 下述变量 A 和 B 正确的值是_____。
  Dim X As String = "123"
  Dim Y As Integer = 123
  Dim A As Integer = X + Y
  Dim B As String = X & Y
A. "246"，"123123"
B. 246，"123123"
C. "123123"，"123123"
D. 123123，"123123"

25. 运行以下程序：
  Dim X As String = "123"
  Dim Y As Integer = 123
  Dim A As Integer = 123
  Dim B As String = "123"
则 X + Y，X + B，Y + A 表示的值是_____。
A. 246，"123123", 246
B. "246"，"123123", 123123
C. "123123"，246, "123123"
D. 123123，"246", "123123"

26. 运行以下程序：
  Dim X As String = "123"
  Dim Y As Integer = 123
  Dim A As Integer = 123
  Dim B As String = "123"
则 X & Y，X & B，Y & A 表示的值是_____。
A. 246，"123123", 246
B. "246"，"123123", 123123
C. "123123"，"123123","123123"
D. 123123，"246", "123123"

27. 为了将字符串 str="12345"转换成整数 12345，不能使用以下_____语句。
A. Dim num As Integer = CInt(str)
B. Dim num As Integer = str.ToInt()
C. Dim num As Integer = Val(str)
D. Dim num As Integer = CType(str, Integer)

28. 表达式 16/4-2 ^ 5 * 8/4 Mod 5\2 的值为_____。
   A. 14
   B. 4
   C. 20
   D. 2

29. 数学关系表达式 3≤x<10 表示成正确的 VB.NET 表达式为_____。
   A. 3<=x<10
   B. 3<=x AND x<10
   C. x>=3 OR x<10
   D. 3<=x AND <10

30. \、/、Mod、* 四个算术运算符中，优先级别最低的是_____。
   A. \
   B. /
   C. Mod
   D. *

31. 与数学表达式 ab/(3cd) 对应，VB.NET 的不正确表达式是_____。
   A. a*b/(3*c*d)
   B. a/3*b/c/d
   C. a*b/3/c/d
   D. a*b/3*c*d

32. 表达式 DateAdd("m",2，#1/28/2005#) 的结果是_____。
   A. 2005-3-28
   B. 2005-1-30
   C. 2007-1-28
   D. 2003-1-28

33. 关于语句"If x=1 Then y=1"，下列说法正确的是_____。
   A. "x=1"和"y=1"均为赋值语句
   B. "x=1"和"y=1"均为关系表达式
   C. "x=1"为关系表达式，"y=1"为赋值语句
   D. "x=1"为赋值语句，"y=1"为关系表达式

34. 运行以下程序：
    Dim X As String = "123"

　　　　　Dim Y As Integer = 123
　　　　　Dim A As Integer = 123
　　　　　Dim B As String = "123"
则 VarType(X & Y)，VarType(Y & A)，VarType(Y + A)的值分别是_____。
A. 3，8，3
B. 8，3，3
C. 3，8，8
D. 8，8，3

35. 关于 VB.NET 提供系统预先定义的常量，以下说法错误的是_____。
A. 内部常量一般以小写 vb 字母开头
B. 枚举常量经常被控件使用
C. 枚举常量可以直观地表示离散、有限的常数
D. 一个枚举常量下可以包括多个枚举名

36. 以下关系表达式中，其值为 False 的是_____。
A. "ABC">"AbC"
B. "the"<>"they"
C. "VISUAL"=UCase("Visual")
D. "Integer">"Int"

37. 窗体上有一个文本框、一个标签和一个命令按钮，其名称分别为 TextBox1、Label1 和 Button1，然后编写如下事件过程：
　　　Private Sub Button1_Click(...)
　　　　　Dim s as String
　　　　　s = InputBox("请输入")
　　　　　TextBox1.Text = s
　　　End Sub
　　　Private Sub TextBox1_TextChanged(...)
　　　　　Label1.Text = Microsoft.VisualBasic.Right(Trim(TextBox1.Text), 3)
　　　End Sub
程序运行后，单击命令按钮，如果在输入对话框中输入 abcdef，则在标签中显示的内容是_____。
A. 空
B. abcdef
C. abc
D. def

38. 变量未赋值时，数值型变量的值为_____。
   A. 0
   B. 空字符串
   C. Null
   D. 没任何值

39. 下列可作为 VB.NET 变量名的是_____。
   A. A#A
   B. 4A
   C. ?xy
   D. constA

40. 表达式 2 + 3 * 4^5 - Sin(x+1) / 2 中最先进行的运算是_____。
   A. 4^5
   B. 3*4
   C. x+1
   D. Sin()

41. 用 VB.NET 计算以 10 为底的 x 的对数表达式为_____。
   A. LOG（X）
   B. LOG10（X）
   C. LOG（X）/LOG（e）
   D. LOG(X)/LOG(10)

42. 窗体上有一个标签和一个命令按钮，其名称分别为 Label1 和 Button1，然后编写如下事件过程：
```
    Private Sub Button1_Click(...)
        Dim c, i As Integer
        Dim s As String
        c = 1234
        s = Trim(Str(c))
        Label1.Text = ""
        For i = 1 To 4
            Label1.Text &= _____ & vbCrLf
        Next
    End Sub
```
程序运行后，单击命令按钮，在 Label1 上显示如下内容：
   1

12
123
1234

则在下划线处应填入的内容为_____。

A. Microsoft.VisualBasic.Right(s,i)
B. Microsoft.VisualBasic.Left(s,i)
C. Microsoft.VisualBasic.Mid(s,i,1)
D. Microsoft.VisualBasic.Mid(s,i,i)

43. 以下能从字符串"VisualBasic"中直接取出子字符串"Basic"的函数是_____。

A. Left
B. Mid
C. String
D. InStr

44. 设 a=2，b=3，c=4，下列表达式的值是_____。
    Not a<=c Or 4*c=b^2 And b<>a+c

A. -1
B. 1
C. True
D. False

45. 执行以下程序段后，变量 c$ 的值为_____。
    Dim a$ = "Visual Basic.Net Programming"
    Dim b$ = "Quick"
    Dim c$ = b & UCase(Mid(a$, 7, 6)) & Microsoft.VisualBasic.Right(a, 12)

A. Visual Basic.Net Programming
B. Quick Basic Programming
C. QUICK Basic Programming
D. Quick BASIC Programming

46. 下面可以正确定义 2 个整型变量和 1 个字符串变量的语句是_____。

A. Dim n,m AS Integer, s AS String
B. Dim a%, b$, c AS String
C. Dim a AS Integer, b, c AS String
D. Dim x%, y$, z$

47. 为把圆周率的近似值 3.14159 存放在变量 pi 中，应该把变量 pi 定义为_____。
    A. Dim pi As Integer
    B. Dim pi(7) As Integer
    C. Dim pi As Single
    D. Dim pi As Long

48. 以下表达式结果不是 Program 的语句是_____。
    A. Microsoft.VisualBasic.Mid("VBProgram",3,7)
    B. Microsoft.VisualBasic.Right("VBProgram",7)
    C. Microsoft.VisualBasic.Mid("VBProgram",3)
    D. Microsoft.VisualBasic.Left("VBProgram",7)

49. 以下关系表达式中，其值为 True 的是_____。
    A. "XYZ">"XYz"
    B. "VisualBasic"<>"visualbasic"
    C. "the"="there"
    D. "Integer"<"Int"

50. 执行以下程序段：
    Dim a$, b$, c$
    a="Visual Basic.Net Programming"
    b="C++"
    c=UCase(Microsoft.VisualBasic.Left(a,7)) & b & Microsoft.VisualBasic.Right(a,12)
    之后，变量 c 的值为_____。
    A. Visual Basic.Net Programming
    B. VISUAL C++ Programming
    C. Visual C++ Programming
    D. VISUAL BASIC.NET Programming

51. 在窗体上有一个文本框(名称为 TextBox1)和一个标签(名称为 Label1)，程序运行后，在文本框中每输入一个字符，都会立即在标签中显示文本框中字符的个数。以下可以实现上述操作的事件过程是_____。
    A. Private Sub Label1_TextChanged(...)
           Label1.Text = Str(Len(TextBox1.Text))
       End Sub
    B. Private Sub TextBox1_Click(...)
           Label1.Text = Str(Len(TextBox1.Text))
       End Sub

C. Private Sub TextBox1_TextChanged(...)
     Label1.Text = TextBox1.Text
   End Sub
D. Private Sub TextBox1_TextChanged(...)
     Label1.Text = Str(Len(TextBox1.Text))
   End Sub

52. 以下变量名中合法的是_____。
A. x2-1
B. Debug.print
C. str_n
D. 2x

53. 把数学表达式 $\dfrac{5x+3}{2y-6}$ 表示为正确的 VB.NET 表达式应该是_____。
A. (5x+3)/(2y-6)
B. x*5+3/2*y-6
C. (5*x+3)÷(2*y-6)
D. (x*5+3)/(y*2-6)

54. 表达式 Int(Rnd()*50)所产生的随机数范围是_____。
A. [0,50]
B. [1,50]
C. [0,49]
D. [1,49]

55. 在窗体上面画两个名称分别为 TextBox1 和 TextBox2 的文本框，TextBox1 的 Text 属性为 DataBase。
现有如下事件过程：
   Private Sub TextBox1_TextChanged(...)
     TextBox2.Text = Mid(TextBox1.Text, 1, 5)
   End Sub

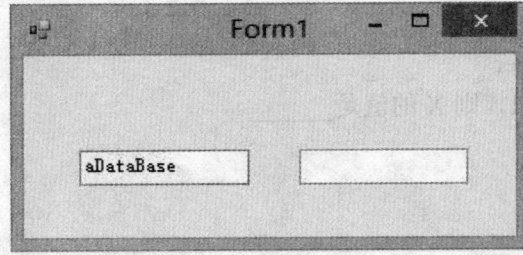

运行程序，在文本框 TextBox1 中原有字符之前输入 a，如图所示，TextBox2 中显示的是_____。

A. DataA
B. DataB
C. aData
D. aBase

56. 在窗体中添加一个命令按钮 Button1，并编写如下程序：

```
Private Sub Button1_Click()
    Dim a, b As Integer
    a = 2 / 3
    b = 32 / 9
    MsgBox(a & " " & b)
End Sub
```

运行下列程序，输出结果为_____。

A. 1   4
B. 0   3
C. 1   3
D. 0   4

57. 下列符号_____不是 VB.NET 中的合法变量名。

A. ABCabc
B. bd_1234
C. wed22
D. cmd$

58. 以下 VB.NET 变量名中合法的是_____。

A. debug.print
B. x-2
C. 12abc
D. sum_total

59. 设有如下声明：

　　　Dim X As Integer

如果 Sign（X）的值为-1，则 X 的值是_____。

A. 整数
B. 大于 0 的整数
C. 等于 0 的整数

D. 小于 0 的数

60. 表达式 Str(Len("123"))+Str(77.7)的值为_____。（说明：□表示空格）
A. 377.7
B. □3□77.7
C. 80.7
D. 12377.7

61. 下列叙述中不正确的是_____。
A. 变量名的第一个字符必须是字母或下划线
B. 变量名不能使用汉字和希腊字母
C. 变量名不区分大小写
D. 变量名不能使用关键字

62. 若 N = 235，下述表达式值为 3 的是_____。
A. N-INT（N/100）*100
B. INT（N/10）-INT（N/100）*10
C. INT（N/10）-INT（N/100）
D. INT（N-INT（N/10））/10

63. 下面_____不是字符串常量。
A. "语言"
B. "   "
C. "5"
D. #False#

64. 下列符号常量的声明中，_____是不合法的。
A. Const a As Single = 1.1
B. Const a As Integer = "12"
C. Const a As Double = 1.2+3.7
D. Const a As String = "OK"

65. 在窗体上有一个命令按钮(名称为 Button1)和一个标签(名称为 Label1),下列程序段的执行结果为_____。
Private Sub Button1_Click()
    Dim A As Integer = 0, B As Integer = 1
    A = A + B
    B = B + A

```
        Label1.Text = A & ", " & B & vbCrLf
        A = A + B
        B = B + A
        Label1.Text &= A & ", " & B
    End Sub
```
A. 1, 2
   3, 5
B. 1, 1
   3, 5
C. 1, 3
   3, 4
D. 1, 2
   3, 4

66. 设 a="Visual Basic.Net"，下面使 b="Basic"的语句是_____。
A. b=Lift(a,8,12)
B. b=Mid(a,8,5)
C. b=Right(a,5,5)
D. b=Left(a,8,5)

67. 设有如下变量声明：
        Dim TestDate As Date
为变量 TestDate 正确赋值的表达式是_____。
A. TestDate = #1/12002#
B. TestDate = #"1/1/2002"#
C. TestDate = Date("1/1/2002")
D. Testdate = Format("m/d/yy", "1/1/2002")

68. 下面的表达式中，_____的运算结果与其他三个不同。
A. Exp(-3.5)
B. Int(-3.5)+0.5
C. -Abs(-3.5)
D. Sign(-3.5)-2.5

69. 设 a = 3,b = 5,则以下表达式值为真的是_____。
A. a >= b And b > 10
B. a > b Or b > 0
C. a < 0 Or b > 0 And a - b > 0

D. (-3 + 5 >a) And (b > 0)

70. 以下不合法的常量是_____。
A. 10^2
B. 100
C. 100.0
D. 10E+01

71. 如果 x 是一个正实数，对 x 的第 3 位小数四舍五入的表达式是_____。
A. 0.01*Int(x+0.005)
B. 0.01*Int(100*(x+0.005))
C. 0.01*Int(100*(x+0.05)
D. 0.01*Int(x+0.05)

72. 在窗体上有一个命令按钮(名称为Button1),在输入框填写任意一个实数,点击 Button1 计算其平方根，要求保留三位小数。
  Private Sub Button1_Click()
   Dim a As Single
   a=Abs(Val(InputBox("请输入一个实数")))
   MsgBox(Format(_____ ,"0.000"))
  End Sub
A. Spc(a)
B. Sqrt(a)
C. ""
D. Sin(a)

73. 表达式 Y+1>=X 是一个_____。
A. 字符串表达式
B. 关系表达式
C. 算术表达式
D. 不合法的表达式

74. 如果 X 是一个正实数，将百分位四舍五入，保留一位小数的表达式是_____。
A. 0.1*Int(X+0.05)
B. 0.1*Int(10*(X+0.05))
C. 0.1*Int(10*X)
D. Int(X+0.05)

75. 已知 X>Y，A>B，正确表示它们之间关系的式子是_____。
   A. Sign(Y-X)-Sign(A-B)<0
   B. Sign(Y-X)-Sign(A-B)=-2
   C. Sign(X=Y)-Sign(A-B)=0
   D. Sign(X=Y)-Sign(A-B)=-1

76. 若 n=365，下述的语句中_____显示的值是 33。
   A. MsgBox(n-Int(n/100)*100)
   B. MsgBox(Int(n/10)-Int(n/100)*10)
   C. MsgBox(Int(n/10)-Int(n/100))
   D. MsgBox(Int(n-Int(n/10)*10)/10)

77. 表达式 Str(Len("1234")) + Str(5.9)的值为_____。（说明：□表示空格）
   A. □45.9
   B. □4□5.9
   C. □12345.9
   D. □1234□5.9

78. 设 A,B,C 表示三角形的三条边，表示条件"任意两边之和大于第三边"的布尔表达式为_____。
   A. A+B>=C Or A+C>=B Or B+C>=A
   B. Not(A+B<=C Or A+C<=B Or B+C<=A)
   C. A+B<C Or A+C<B Or B+C<A
   D. 以上答案均不对

79. 下列符号常量的声明中，_____是不合法的。
   A. Const a As Single = 1.1
   B. Const a As Integer = "15b"
   C. Const a As Double = 1
   D. Const a As String = "Sin1"

80. 在窗体上有一个名称为 TextBox1 的文本框和一个名称为 Button1 的命令按钮，然后编写如下事件过程：
   Private Sub Button1_Click()
       TextBox1.Text = "Visual"
       Me.TextBox1.Text &= " Basic"
       Me.Text &= "Program"
   End Sub

程序运行后，如果单击命令按钮，则在文本框中显示的是_____。
A. Visual
B. Basic
C. Program
D. Visual Basic

81. 要存放人的年龄，下面的_____数据类型占用的字节数最少。
A. Short
B. Byte
C. Integer
D. Long

82. 下面的_____是合法的变量名。
A. X_yz
B. 123abc
C. Integer
D. Long

83. 下面的_____是非法的整常数。
A. 100
B. &O100
C. &H100
D. %100

84. 下面的_____是合法的单精度型变量。
A. num!
B. sum%
C. xinte$
D. mm#

85. 与数学表达式 $\dfrac{ab}{3cd}$ 对应，VB.NET 中不正确的表达式是_____。
A. a*b/(3*c*d)
B. a/3*b/c/d
C. a*b/3/c/d
D. a*b/3*c*d

二、填空题

1. 在 VB.NET 中，1234 这个常数是_____。

2. 已知 a＝3.5，b＝5.0，c＝2.5，d＝True，则表达式 a>=0 and a+c>b+3 Or Not d 的值是_____。

3. 表达式 Int(-3.5)的值是_____。

4. 写出计算从 2009 年 12 月 1 日到 2010 年 6 月 30 日期间有多少个星期的函数表达式是_____。

5. 表示字符变量 s 是字母字符（不区分大小写字母）的逻辑表达式为_____。(要求使用 lcase()函数书写表达式)

6. 在 VB.NET 中，1.2346E+5#这个常数是_____型。

7. 表达式 Fix(-3.5)的值是_____。

8. 表达式 Fix(3.5)的值是_____。

9. 表达式 Round(-3.5)的值是_____。

10. 表达式 Round(3.5)的值是_____。

11. 请使用 mod()函数表示 x 是 5 的倍数或是 9 的倍数的逻辑表达式为_____。

12. 表达式 Ucase(Mid("abcdefgh",3,4))的值是_____。

13. 在直角坐标系中，x、y 是坐标系中任意一点的位置，用 x 与 y 表示在第一象限或第三象限的表达式是_____。

14. 显示当前机器内系统日期的函数为_____。

15. 下面程序段运行后，Label1 的显示结果为_____。
    x=35
    y=20
    Label1.Text = "("&   x & "\" & y & ")*" & y & "=" & (x\y)*y

16. 下面程序段运行后，Label1 的显示结果为_____。
    x=10
    y=20
    Label1.Text = x & "+" & y & "="
    Label1.Text &= x + y & vbCrLf

17. 在 VB.NET 中，123456&这个常数是_____型。

18. 在 VB.NET 中，#10/12/2015#这个常数是_____型。

19. 表达式 Int(3.5)的值是_____。

20. 整型变量 x 中存放了一个两位数，要将两位数交换位置，例如，13 变成 31，实现表达式是_____。

21. [0,1]之间的数，Rnd 函数不可能为_____值。

22. Int(198.555*100+0.5)/100 的值是_____。

23. 已知 A$="12345678"，则表达式 Val(Mid(A,1,4)+Mid(A,4,2))的值为_____。

24. 表达式 DateDiff("d",#12/30/1999#,#1/13/2000#)的结果是_____。

25. 表达式 Len("123 程序设计 ABC")的值是_____。

26. 赋值语句 a=123+MID("123456", 3, 2)执行后，a 变量中的值是_____。

27. 赋值语句 a = 123 & MID("123456", 3, 2)执行后，a 变量中的值是_____。

28. 赋值语句 a% = 123+MID("123456",3,2)被执行后，变量中 a 的值是_____。

29. 已知 A$="12345678"，则表达式 Val(Mid(A, 1, 4) + Mid(A, 4, 2))的值为_____。

30. 表示 s 变量是数字字符（不区分大小写字母）的逻辑表达式为_____。

31. 语句 Sign(-6 ^ 2) + Abs(-6 ^ 2) + Int(-6 ^ 2)的输出结果是_____。

32. 表达式 5 Mod 3 + 3\5*2 的值是_____。

33. 设 x=4，y=8，z=7，表达式 x < y And (Not y > z) Or z < x 的值是_____。

34. 设 x=3.3，y=4.5，表达式 x - Int(x) + Fix(y) 的值是_____。

35. 有下面的程序段：
    Dim A! = 1.2
    Dim B! = 321
    Dim C! = Len(Str(A) + Str(B))
    MsgBox(C)
执行上面的程序段，MsgBox 的输出结果是_____。

36. 在窗体上画一个命令按钮，其名称为 Button1，然后编写如下事件过程：
    Private Sub Button1_Click(...)
        dim a as Integer = 54321
        MsgBox(Format(a, "000.00"))
    End Sub
程序运行后，单击命令按钮，MsgBox 上显示的是_____。

37. 设 a=10,b=5,c=1,执行语句 MsgBox(a>b>c)后，MsgBox 上显示的是_____。

38. 设 a=1，b=2，c=3，d=4，表达式 30 - (a > b + 1 Or c < d And d Mod b = 0) + 4 的值是_____。

39. 执行以下程序后，MsgBox 输出的是_____。
    Private Sub Button1_Click(...)
        Dim Ch$ = "AABCDEFGH"
        MsgBox(Mid(Microsoft.VisualBasic.Right(Ch$, 6), Len(Microsoft.VisualBasic.Left(Ch$, 4)), 2))
    End Sub

40. 表达式 2*3^2+4*2/2+3^2 的值是_____。

41. 设 a=4，b=5，c=6，执行语句 MsgBox(a<b And b<c)后，MsgBox 上显示的是_____。

42. 已知 a = 6, b = 15, c = 23，则语句 Sign(a + b Mod 6 - c \ a) & a + b 的结果为_____。

43. 如果将布尔常量值 True 赋值给一个整型变量，则整型变量的值为_____。

44. 表达式 Int(-17.8)+Sign(17.8)的值是_____。

45. 已知两个字符串，确定第二个字符串在第一个字符串中起始位置的函数是_____。

46. 表达式 25 Mod 6 + 2 * 3 ^ 2 + 2 * 8 / 4 + 3 ^ 2 的值是_____。

47. 将数学表达式 $\dfrac{\sqrt{(3x+y)/z}}{(xy)^4}$ 写成 VB.NET 的表达式，其正确的形式是_____。

48. 将数学表达式 $\cos^2(a+b)+5e^2$ 写成 VB.NET 的表达式，其正确的形式是_____。

49. 设 A="963214587"，则表达式 Val(Left(A,4)+Mid(A,4,2))的值为_____。

50. 已知变量 A、B、C 的定义如下：Dim A, B, C As Integer；则表达式 A>B And C>A Or Not C>B And A<B 的计算结果为_____。

51. 表达式 Int(8*Sqrt(36)*10^(-2)*10+0.5)/10 的值是_____。

52. Abs(-8) + Len("ABCD")的值是_____。

53. 表达式 5 / 4 * 6 \ 5 Mod 2 的输出结果是_____。

54. 表达式(7 \ 3 + 1) * (18 \ 5 - 1)的值是_____。

55. 表达式 Int(8 * Math.Sqrt(36 * (10 ^ (-2)) * 10 + 0.5)) / 10 的值是_____。

第四章 基本控制结构

一、选择题

1. 窗体上有一个名称为 Button1 的命令按钮，然后编写如下事件过程：
   ```
   Private Sub Button1_Click(...)
       Dim x%
       x = InputBox("input")
       Select Case x
           Case 1, 3
               Debug.print "分支 1"
           Case Is > 4
               Debug.print "分支 2"
           Case Else
               Debug.print "Else 分支"
       End Select
   End Sub
   ```
程序运行后，如果在输入对话框中输入 2，则窗体上显示的是_____。
A. 分支 1
B. 分支 2
C. Else 分支
D. 程序出错

2. 以下关于 MsgBox 的叙述中，错误的是_____。
A. MsgBox 函数返回一个整数
B. 通过 MsgBox 函数可以设置信息框中图标和按钮类型
C. 通过 MsgBox 函数可以设置信息框的标题
D. MsgBox 函数的第二个参数是一个整数，该参数只能确定对话框中显示的按钮数量

3. 在窗体上画一个名称为 Timer 的计时器控件，要求每隔 0.5 秒发生一次计时事件，则以下正确的属性设置语句是_____。
A. Timer.Interval=0.5

B. Timer.Interval=5

C. Timer.Interval=50

D. Timer.Interval=500

4. 在窗体上画一个名称为 Button1 的命令按钮，然后编写如下事件过程：
```
Private Sub Button1_Click(...)
    Static x As Integer
    Dim i, y As Integer
    For i = 1 To 2
        y = y + x
        x = x + 2
    Next
    Debug.Print(x & " " & y)
End Sub
```
程序运行后，连续三次单击 Button1 按钮后，即时窗体上最后一行显示的是_____。

A. 4   2

B. 12   18

C. 12   30

D. 4   6

5. 设有如下程序段：
```
Private Sub Button1_Click(...)
    Dim x%, i%
    x=2
    For i=1 to 10 step 2
        x=x+i
    Next
End Sub
```
运行以上程序后，x 的值是_____。

A. 36

B. 27

C. 38

D. 57

6. 以下 Case 语句中错误的是_____。

A. Case 0 To 10

B. Case Is>10

C. Case Is>10 And Is<50

D. Case 3,5,Is>10

7. 在窗体上画一个名称为 Button1 的命令按钮，然后编写如下事件过程：
```
Private Sub Button1_Click(...)
    Dim M1% = 1
    Dim M2% = 2
    Do While M2 <> 5
        M1 = M1 * M2
        M2 = M2 + 1
    Loop
    MsgBox("M1=" & M1 & " M2=" & M2)
End Sub
```
如果单击命令按钮，MsgBox 的输出结果是_____。
A. M1= 24　　　　　　M2= 5
B. M1= 1　　　　　　 M2= 2
C. M1= 3　　　　　　 M2= 4
D. M1= 5　　　　　　 M2= 6

8. 在窗体上画一个文本框（其 Name 属性为 TextBox1），然后编写如下事件过程：
```
Private Sub Form_Load(…)
    Dim i, Sum As Integer
    TextBox1.Text = ""
    TextBox1.Focus()
    For i = 1 To 10
        Sum = Sum + i
    Next i
    TextBox1.Text = Sum
End Sub
```
上述程序的运行结果是_____。
A. 在文本框 TextBox1 中输出 55
B. 在文本框 TextBox1 中输出 0
C. 出错
D. 在文本框 Text1 中输出不定值

9. 下列程序段的执行结果为_____。
```
Private Sub Button1_Click(...)
    Dim A(3) As Integer
    Dim N = 3
```

```
    Dim K, L, X As Single
    A(1) = 1
    For K = 0 To N - 1
        For L = 1 To K + 1
            X = K + 2 - L
            A(X) = A(X) + A(X - 1)
            If K < N - 1 Then Exit For
            Debug.Print(A(X))
        Next L
    Next K
End Sub
```
A. 1 2 1
B. 1 2 1
C. 2 4 6
D. 1 3 1

10. 下列关于 Do…While 循环结构执行循环体次数的描述，正确的是_____。
A. Do While…Loop 循环和 Do…Loop Until 循环都至少执行一次
B. Do While…Loop 循环和 Do…Loop Until 循环可能都不执行
C. Do While…Loop 循环至少执行一次，Do…Loop Until 循环可能不执行
D. Do While…Loop 循环可能不执行，Do…Loop Until 循环至少执行一次

11. 在窗体上有一个名称为 Button1 的命令按钮，然后编写如下事件过程：
```
Private Sub Button1_Click(...)
    Dim i%, j%, a%
    For i = 1 To 2
        For j = 1 To 4
            If j Mod 2 <> 0 Then
                a = a - 1
            End If
            a = a + 1
        Next j
    Next i
    Debug.Print(a)
End Sub
```
程序运行后，单击命令按钮，输出结果是_____。
A. 0
B. 2

C. 3
D. 4

12. 设 a=5，b=6，c=7，d=8，执行下列语句后，x 的值为_____。
    x=IIf((a>b) And (c>d) , 10, 20)
A. 10
B. 20
C. True
D. False

13. 在窗体上有一个命令按钮和一个标签，其名称分别为 Button1 和 Label1，然后编写如下事件过程：
    Private Sub Button1_Click(...)
        Dim Counter = 0
        Dim i%, j%
        For i = 1 To 4
            For j = 6 To 1 Step -2
                Counter = Counter + 1
            Next j
        Next i
        Label1.Text = Str(Counter)
    End Sub
单击命令按钮，标签 Label1 中显示的内容是_____。
A. 11
B. 12
C. 16
D. 20

14. 在窗体上有一个名称为 TextBox1 的文本框和一个名称为 Button1 的命令按钮，然后编写如下事件过程：
    Private Sub Button1_Click(...)
        Dim i As Integer,n As Integer
        For i=0 To 50
            i=i+3
            n=n+1
            If i>10 Then Exit For
        Next
        TextBox1.Text=Str(n)

End Sub
程序运行后，单击命令按钮，在文本框中显示的是_____。
A. 5
B. 4
C. 3
D. 2

15. 在窗体上有一个命令按钮和两个标签，其名称分别为 Button1、Label1 和 Label2，然后编写如下事件过程：
```
Private Sub Button1_Click(...)
    Dim a As Integer = 0
    Dim i%, j%, b!
    For i = 1 To 10
        a = a + 1
        b = 0
        For j = 1 To 10
            a = a + 1
            b = b + 2
        Next j
    Next i
    Label1.Text = a
    Label2.Text = b
End Sub
```
程序运行后，单击命令按钮，在标签 Label1 和 Label2 中显示的内容分别是_____。
A. 10 和 20
B. 20 和 110
C. 200 和 110
D. 110 和 20

16. 设窗体上有一个滚动条，要求单击滚动条右端箭头的按钮一次，滚动条移动一定的刻度值，决定此刻度的属性是_____。
A. Max
B. Min
C. SmallChange
D. LargeChange

17. 在窗体上有一个名称为 Timer1 的计时器和一个名称为 Label1 的标签，计时器属性设置为 Enabled=True，Interval=0，并编程如下。希望每 2 秒在标签上显示一次系统当前时间。
```
Private Sub Timer1_Tick(...)
    Label1.Text=Now()
End Sub
```
在程序执行时发现未能实现上述目的，那么，应做的修改是_____。
A. 通过属性窗口把计时器的 Interval 属性设置为 2000
B. 通过属性窗口把计时器的 Enabled 属性设置为 False
C. 把事件过程中的 Label1.Text=Now()语句改为 Timer1.Interval=Now()
D. 把事件过程中的 Label1.Text=Now()语句改为 Label1.Name=Now()

18. 要使两个单选按钮属于同一个分组控件，正确的操作是_____。
A. 先画一个分组控件，再在分组控件中画两个单选按钮
B. 先画一个分组控件，再在分组控件外画两个单选按钮
C. 先画两个单选按钮，再用分组控件将单选按钮框起来
D. 其他选项方法都正确

19. 假定有以下程序段：
```
Private Sub Button1_Click(...)
    Dim i%,j%
    For i=1 To 3
        For j=5 To 1 step -1
            Label1.Text = i * j
        Next j
    Next i
End Sub
```
则语句 Label1.Text = i * j 的执行次数是_____。
A. 15
B. 16
C. 17
D. 18

20. 在窗体上有两个文本框(名称分别为 TextBox1 和 TextBox2)和一个命令按钮(名称为 Button1)，然后编写如下事件过程：
```
Private Sub Button1_Click(...)
    Dim x%, n%
    x=0
    Do While x<50
        x=(x+2)*(x+3)
```

```
            n=n+1
        Loop
        TextBox1.Text = Str(n)
        TextBox2.Text = Str(x)
    End Sub
```
程序运行后，单击命令按钮，在文本框 TextBox1 和 TextBox2 中显示的分别是_____。
A. 1 和 0
B. 2 和 72
C. 3 和 50
D. 4 和 168

21. 阅读程序：
```
    Private Sub Form_Click(...)
        Dim a%, j%
        For j=1 To 15
            a=a + j Mod 3
        Next j
        MsgBox(a)
    End Sub
```
程序运行后，单击窗体，MsgBox 信息框显示的是_____。
A. 105
B. 1
C. 120
D. 15

22. 设窗体上有一个水平滚动条，已经通过属性窗口把它的 Maximum 属性设置为 100，Minimum 属性设置为 1。下面叙述中正确的是_____。
A. 程序运行时，若使滚动块向左移动，滚动条的 Value 属性值就增加
B. 程序运行时，若使滚动块向右移动，滚动条的 Value 属性值就减少
C. 点击两端的箭头时，滚动条的 Value 属性值变化 SmallChange
D. 点击滑块两端灰色区域，滚动条的 Value 属性值变化 SmallChange

23. 设 x 是整型变量，与函数 IIf(x>0,-x,x)有相同结果的代数式是_____。
A. |x|
B. -|x|
C. x
D. -x

24. 下列_____显示一个标题为"Invalid File Name"和一条说明为"所选文件名非法"的消息框。
A. MsgBox("所选文件名非法", vbOKOnly, "Invalid File Name")
B. MsgBox(vbOKOnly, "所选文件名非法", "Invalid File Name")
C. MsgBox("所选文件名非法", "Invalid File Name", vbOKOnly)
D. MsgBox("Invalid File Name", "所选文件名非法", vbOKOnly)

25. 下列循环体能正常结束的是_____。
A. i=5
   Do
       i=i+1
   Loop Until i<0
B. i=1
   Do
       i=i+2
   Loop Until i=10
C. i=10
   Do
       i=i+1
   Loop Until i>0
D. i=6
   Do
       i=i-2
   Loop Until i=1

26. 窗体上有一个名称为Button1的命令按钮和一个名称为Label1的标签,然后编写如下事件过程:
```
Private Sub Button1_Click(...)
    Dim i,j as Integer
    Label1.Text = ""
    For i = 3 To 1 Step -1
        Label1.Text &= Space(5 - i)
        For j = 1 To 2 * i - 1
            Label1.Text &= "*"
        Next j
        Label1.Text &= vbCrLf
    Next i
End Sub
```

单击 Button1 按钮后，Label1 显示的是_____。
A. *　　　　　B. ** ***　　　　C. *****　　　　D. *****
　　***　　　　　　***　　　　　　***　　　　　　***
　　*****　　　　　*　　　　　　　*　　　　　　　*

27. 下面 If 语句统计满足性别（sex）男、职称（duty）为副教授以上、年龄（age）小于 40 岁条件的人数，正确的语句是_____。
A. If sex= "男" And age<40 And InStr(duty, "教授") >0 Then n=n+1
B. If sex= "男" And age<40 And duty="教授" or duty= "副教授" Then n=n+1
C. If sex= "男" And age<40 And Right(duty,2) = "教授" Then n=n+1
D. If sex= "男" And age<40 And duty = "教授" And duty= "副教授" Then n=n+1

28. 窗体上有名称为 Button1 和 Label1 的命令按钮和标签，编写如下事件过程：
```
Private Sub Button1_Click(...)
    Dim m, i, j As Integer
    m = 1
    For i = 4 To 1 Step -1
        Label1.Text &= m
        m = m + 1
        For j = 1 To i
            Label1.Text &= "*"
        Next j
        Label1.Text &= vbCrLf
    Next i
End Sub
```
点击 Button1，则在 Label1 上显示的是____。
A. 1****
　　2***
　　3**
　　4*
B. 4****
　　3***
　　2**
　　1*
C. 1****
　　 2***
　　　3**
　　　 4*

D.　1*
　　2**
　　3***
　　4****

29. 以下可以作为"容器"的控件是_____。
A. 命令按钮(Button)
B. 标签(Label)
C. 图片框(PictureBox)
D. 分组(GroupBox)

30. 现有语句：y = IIf(x > 0, x Mod 3, 0)。
设 x = 10，则 y 的值是_____。
A. 0
B. 1
C. 3
D. 语句错误

31. 设窗体上有一个文本框 TextBox1 和一个命令按钮 Button1，并有以下事件过程：
```
Private Sub Button1_Click(...)
    Dim s As String, ch As String
    s = ""
    Dim k%
    For k = 1 To Len(TextBox1.Text)
        ch = Mid(TextBox1.Text, k, 1)
        s = ch + s
    Next k
    TextBox1.Text = s
End Sub
```
执行程序时，在文本框中输入 Basic，然后单击命令按钮，那么在 TextBox1 中显示的是_____。
A. Basic
B. cisaB
C. BASIC
D. CISAB

32. 在窗体上有一个命令按钮(名称为 Button1)和一个文本框(名称为 TextBox1)，再编写如下程序：

```
Dim ss As String
Private Sub TextBox1_KeyPress(...)
    If e.KeyChar <> "" Then ss = ss + e.KeyChar
End Sub
Private Sub Button1_Click(...)
    Dim m As String, i As Integer
    m = ""
    For i = Len(ss) To 1 Step -1
        m = m + Mid(ss, i, 1)
    Next
    TextBox1.Text = UCase(m)
End Sub
```

程序运行后，在文本框中输入 Number 100，并单击命令按钮，那么文本框中显示的是_____。

A. NUMBER 100
B. REBMUN
C. REBMUN 100
D. 001 REBMUN

33. InputBox 函数中必须写的参数是_____。
A. Prompt
B. Title
C. DefaultResponse
D. XPos,YPos

34. 在窗体上有一个名称为 Button1 的命令按钮，然后编写如下事件过程：
```
Private Sub Button1_Click()
    Dim a$ = "ABBACKDIEKEI", i%
    Dim x$, y$
    Dim z$ = " "
    For i = 9 To 2 Step -3
        x = Microsoft.VisualBasic.Mid(a, i, i)
        y = Microsoft.VisualBasic.Left(a, i)
        z = Microsoft.VisualBasic.Right(a, i)
        z = x & y & z
    Next i
    MsgBox(z)
End Sub
```

程序运行后，如果单击命令按钮，则输出结果是_____。
A. BACABBKEI
B. EKEIABBACKDIEAACKEIEKEI
C. DEIEKEIABBACKDIEKEI
D. ACKABBKEI

35. 如果 A 为整数，且|A|>=100，则 MsgBox 显示"OK"，否则显示"Error"，表示这个条件语句的单行语句是_____。
A. If Int(A)=A And Sqrt(A)>=100 Then MsgBox("OK") Else MsgBox("Error")
B. If Int(A)=A And (A>=100,A<=-100) Then MsgBox("OK") Else MsgBox("Error")
C. If Fix(A)=A And ABS(A)>=100 Then MsgBox("OK") Else MsgBox("Error")
D. If Fix(A)=A And A>=100 And A<=-100 Then MsgBox("OK") Else MsgBox("Error")

36. 在窗体上有一个命令按钮（其名称为 Button1）和一个标签（其名称为 Label1），然后编写如下事件过程：
```
Private Sub Button1_Click()
    Dim a As String, i As Integer
    a = InputBox("输入一个字符串")
    For i = Len(a) To 1 Step -1
        Label1.Text &= (Mid(a, i, 2))
    Next i
End Sub
```
运行程序，单击 Button1，在输入对话框中输入 ABCD，Label1 显示的是_____。
A. DCDBCAB
B. DCBA
C. AABBCCDD
D. DDCCBBAA

37. 下列程序段执行后，MsgBox 显示的结果为_____。
```
Private Sub Button1_Click()
    Dim A As String = "abcdefghijk", i As Integer
    Dim X, Y, Z As String
    For i = 6 To 2 Step -2
        X = Microsoft.VisualBasic.Mid(A, i, i)
        Y = Microsoft.VisualBasic.Left(A, i)
        Z = Microsoft.VisualBasic.Right(A, i)
        Z = X & Y & Z
    Next i
```

        MsgBox(Z)
    End Sub
A. bc
B. bcabjk
C. ab
D. bcdabjk

38. 如果一个正整数从高位到低位上的数字依次递减，则称其为降序数（如：9632 是降序数，而 8516 则不是降序数）。现编写如下事件过程，判断输入的正整数是否为降序数。
    Private Sub Button1_Click()
        Dim n As Long, flag As Boolean, i As Integer, s As String
        n = InputBox("输入一个正整数")
        s = Trim(Str(n))
        For i = 2 To Len(s)
            If Mid(s, i - 1, 1) < Mid(s, i, 1) Then Exit For
        Next i
        If i = Len(s) Then flag = True Else flag = False
        If flag Then
            MsgBox(n & "是降序数")
        Else
            MsgBox(n & "不是降序数")
        End If
    End Sub
运行以上程序，发现有错误，需要对给 flag 变量赋值的 If 语句进行修改。以下正确的修改是_____。
A. If i = Len(s) + 1 Then flag = False Else flag = True
B. If i = Len(s) + 1 Then flag = True Else flag = False
C. If i = Len(s) - 1 Then flag = False Else flag = True
D. If i = Len(s) - 1 Then flag = True Else flag = False

39. 在窗体上有一个命令按钮（其名称为 Button1）和一个标签（其名称为 Label1），然后编写如下事件过程：
    Private Sub Button1_Click()
        Dim c As String = "ABCD"
        Dim n As Integer
        For n = 1 To 4
            Label1.Text &= _____
        Next n

End Sub

程序运行后，单击 Button1，要求在 Label1 上显示如下内容：

D
CD
BCD
ABCD

则在空白处应填入的内容为_____。

A. Microsoft.VisualBasic.Left(c,n)
B. Microsoft.VisualBasic.Right(c,n)
C. Microsoft.VisualBasic.Mid(c,n,1)
D. Microsoft.VisualBasic.Mid(c,n,n)

40. 下列程序段不能分别正确显示 1！、2！、3！、4！的值的是_____。

A.　For i = 1 To 4
　　　　n = 1
　　　　For j = 1 To i
　　　　　　n = n * j
　　　　Next j
　　　　MsgBox(n)
　　Next i

B.　For i = 1 To 4
　　　　For j = 1 To i
　　　　　　n = 1
　　　　　　n = n * j
　　　　Next j
　　　　MsgBox(n)
　　Next i

C.　n = 1
　　For j = 1 To 4
　　　　n = n * j
　　　　　　MsgBox(n)
　　Next j

D.　n = 1
　　　　j = 1
　　　　Do While j <= 4
　　　　　　n = n * j
　　　　　　MsgBox(n)
　　　　　　j = j + 1

Loop

41. 在窗体上有一个名称为 TextBox1 的文本框和一个名称为 HScroll1 的滚动条，其 Minimum 和 Maximum 属性分别为 0 和 100，程序运行后，如果移动滚动条，则在文本框中显示滚动条的当前值，如图所示。

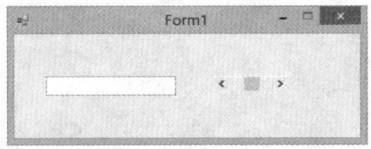

以下能实现上述操作的程序段是_____。
A. Private Sub HScroll1_Scroll (…)
　　　TextBox1.Text = HScrollBar1.Value
　　End Sub
B. Private Sub HScroll1_Click(…)
　　　TextBox1.Text = HScrollBar1.Value
　　End Sub
C. Private Sub HScroll1_Scroll (…)
　　　TextBox1.Text = HScrollBar1.Text
　　End Sub
D. Private Sub HScroll1_Click(…)
　　　TextBox1.Text = HScrollBar1.Text
　　End Sub

42. 在窗体上有一个名称为 Button1 的命令按钮和一个名称为 TextBox1 的文本框，然后编写如下事件过程：
　　Private Sub Button1_Click(...)
　　　Dim n, i, j As Single
　　　n = Val(TextBox1.Text)
　　　For i = 2 To n
　　　　For j = 2 To Math.Sqrt(i)
　　　　　If i Mod j = 0 Then Exit For
　　　　Next j
　　　　If j > Math.Sqrt(i) Then MsgBox(i)
　　　Next i
　　End Sub
该事件过程的功能是_____。
A. 输出 n 以内的奇数
B. 输出 n 以内的偶数

C. 输出 n 以内的素数
D. 输出 n 以内能被 j 整除的数

43. 使用分组控件（GroupBox）的主要作用是_____。
A. 为了规整显示
B. 对控件分组
C. 建立新的显示窗口
D. 在窗体上绘制线条

44. 为计算 1+3+5+…+99 的值，编程如下：
```
Private Sub Button1_Click(...)
    Dim k, s As Integer
    k = 1
    s = 0
    Do While k <= 99
        k = k + 2
        s = s + k
    Loop
    MsgBox(s)
End Sub
```
在调试时发现运行结果有错误，需要修改。下列错误原因和修改方案中正确的是_____。
A. Do While…Loop 循环语句错误，应改为 For k=1 To 99…Next k
B. 循环条件错误，应改为 While k<99
C. 循环前的赋值语句 k=1 错误，应改为 k=0
D. 循环中两条赋值语句的顺序错误，应改为 s=s+k:k=k+2

45. 下面程序在运行时出现了死循环：
```
Private Sub Button1_Click(...)
    Dim n As Integer
    n = Val(InputBox("请输入一个整数"))
    Do
        If n Mod 2 = 0 Then
            n = n + 1
        Else
            n = n + 2
        End If
    Loop Until n = 1000
End Sub
```

下面关于死循环的叙述中正确的是_____。
A. 只有输入的 n 是偶数时才会出现死循环，否则不会
B. 只有输入的 n 是奇数时才会出现死循环，否则不会
C. 只有输入的 n 是大于 1000 的整数时才会出现死循环，否则不会
D. 输入任何整数都会出现死循环

46. 设计了如下程序用来计算并输出 7!（7 的阶乘）：
    Private Sub Button1_Click(...)
        Dim t, k As Integer
        t = 0
        For k = 7 To 2 Step -1
            t = t * k
        Next
        MsgBox(t)
    End Sub
执行程序时，发现结果是错误的。下面的修改方案中能够得到正确结构的是_____。
A. 把 t = 0 改为 t = 1
B. 把 For k = 7 To 2 Step -1 改为 For k = 7 To 1 Step -1
C. 把 For k = 7 To 2 Stip -1 改为 For k = 1 To 7
D. 把 Next 改为 Next k

47. 下列循环体能正常结束的是_____。
A. i = 5
   Do
       i = i + 1
   Loop Until i < 0
B. i = 1
   Do
       i = i + 2
   Loop Until i = 10
C. i = 10
   Do
       i = i + 1
   Loop Until i > 20
D. i = 6
   Do
       i = i - 2
   Loop Until i = 1

48. 在窗体上有一个名称为 Button1 的命令按钮，然后编写如下事件过程：
```
Private Sub Button1_Click(...)
    Dim n, b, t As Integer
    t = 1
    b = 1
    n = 2
    Do
        b = b * n
        t = t + b
        n = n + 1
    Loop Until n > 9
    MsgBox(t)
End Sub
```
此程序计算并输出一个表达式的值，该表达式是_____。
A. 9!
B. 10!
C. 1!+2!+…+9!
D. 1!+2!+…+10!

49. 窗体上有一个名称为 HScrollBar1 的滚动条，程序运行后，当单击滚动条两端的箭头或者程序代码改变滑块位置时，立即在 MsgBox 上显示滚动条滑块的位置（即刻度值）。下面能够实现上述操作的事件过程是_____。
A. Private Sub HScrollBar1_ValueChanged(…)
      MsgBox(HScrollBar1.Value)
   End Sub
B. Private Sub HScrollBar1_ ValueChanged (…)
      MsgBox(HScrollBar1.SmallChange)
   End Sub
C. Private Sub HScrollBar1_Scroll(…)
      MsgBox(HScrollBar1.Value)
   End Sub
D. Private Sub HScrollBar1_Scroll(…)
      MsgBox(HScrollBar1.SmallChange)
   End Sub

50. 以下_____是正确的 For…Next 结构。
A. For x=1 To Step 10
      ……

Next
B. For x=3 To -3 Step -3
   ……
   Next
C. For x To 1 Step 10
   ……
   Next x
D. For x=3 To 10 Step 3
   ……
   Next y

51. 设窗体上有一个名称为 Label1 的标签和一个名称为 Timer1 的计时器，Timer1 的 Interval 属性被设置为 1000，Enabled 属性被设置为 True。要求程序运行时，每秒在标签中显示一次系统当前时间。以下可以实现上述要求的事件过程是_____。

A. Private Sub Timer1_Tick(...)
      Label1.Text = True
   End Sub
B. Private Sub Timer1_Tick(...)
      Label1.Text = Now()
   End Sub
C. Private Sub Timer1_Tick(...)
      Label1.Interval = 1
   End Sub
D. Private Sub Timer1_Tick(...)
      For k=1 To Timer1.Interval
         Label1.Text= Now()
      Next k
   End Sub

52. 窗体上有一个名称为 Button1 的命令按钮，其事件过程如下：
   Private Sub Button1_Click(...)
      Dim x, a, b As String
      Dim c As Integer
      x = "VisualBasicProgramming"
      a = Microsoft.VisualBasic.Right(x, 11)
      b = Microsoft.VisualBasic.Mid(x, 7, 5)
      c = MsgBox(a, , b)
   End Sub

运行程序后单击命令按钮。以下叙述中错误的是_____。
A. 信息框的标题是 Basic
B. 信息框中的提示信息是 Programming
C. c 的值是函数的返回值
D. MsgBox 的使用格式有错

53. 下列有关单选按钮在任何时候只有一个被选中的说法中，_____最合适。
A. 在一个组内的若干单选按钮
B. 在一个窗体中的若干组中的所有单选按钮
C. 只要是单选按钮，与分组没有关系
D. 当只有一个单选按钮时

54. 如图所示，窗体上有一个名称为 GroupBox1 的分组控件，若要把分组控件上显示的"GroupBox1"改为汉字"框架"，下面正确的语句是_____。

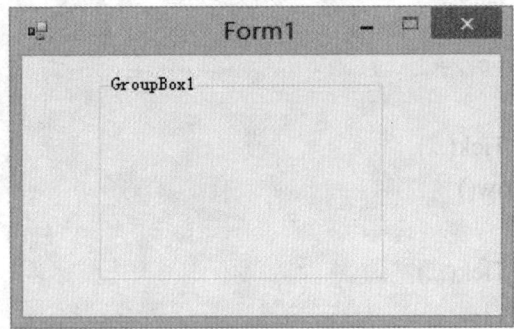

A. GroupBox1.Name = "框架"
B. GroupBox1.Text = "框架"
C. GroupBox1.Title = "框架"
D. GroupBox1.Value = "框架"

55. 执行下列语句：
    s = InputBox("请输入字符串", "字符串对话框", "字符串")
将显示输入对话框。此时如果直接单击"确定"按钮，则变量 s 的内容是_____。
A. "请输入字符串"
B. "字符串对话框"
C. "字符串"
D. 空字符串

56. 假定有以下循环结构：
    Do Until　条件表达式
        循环体

Loop
则以下描述正确的是_____。
A. 如果"条件表达式"的值是 0，则一次循环体也不执行
B. 如果"条件表达式"的值不为 0，则至少执行一次循环体
C. 不论"条件表达式"的值是否为"真"，至少要执行一次循环体
D. 如果"条件表达式"的值恒为 0，则无限次执行循环体

57. 窗体上有一个名称为 Button1 的命令按钮，其事件过程如下：
　　　Private Sub Button1_Click(...)
　　　　　Dim i, number As Integer
　　　　　Randomize()
　　　　　Do
　　　　　　　For i = 1 To 1000
　　　　　　　　　number = Int(Rnd() * 100)
　　　　　　　　　MsgBox(number)
　　　　　　　　　Select Case number
　　　　　　　　　　　Case 12
　　　　　　　　　　　　　Exit For
　　　　　　　　　　　Case 58
　　　　　　　　　　　　　Exit Do
　　　　　　　　　　　Case 65, 68, 92
　　　　　　　　　　　　　End
　　　　　　　　　End Select
　　　　　　　Next i
　　　　　Loop
　　　End Sub
执行上述事件过程后，下列描述中正确的是_____。
A. Do 循环执行的次数为 1000 次
B. 在 For 循环中产生的随机数小于或等于 100
C. 当所产生的随机数为 12 时，结束所有循环
D. 当所产生的随机数为 65、68 或 92 时，窗体关闭、程序结束

58. 在窗体上有两个单选按钮（名称分别为 RadioButton1、RadioButton2，标题分别为"宋体"和"黑体"）、一个复选框（名称为 CheckBox1，标题为"粗体"）。程序运行后，要求窗体如图所示，则以下能够实现上述操作的语句是_____。

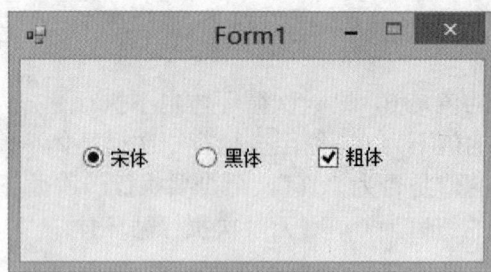

A. RadioButton1.Checked = False
   CheckBox1.Checked = True
B. RadioButton1.Checked = True
   CheckBox1.Checked = False
C. RadioButton2.Checked = False
   CheckBox1.Checked = True
D. RadioButton1.Checked = True
   CheckBox1.Checked = True

59. 窗体上有一个名称为 Button1 的命令按钮，其事件过程如下：
```
Private Sub Button1_Click(...)
    Dim x = 50, i, y, a As Integer
    For i = 1 To 4
        y = InputBox("请输入一个整数")
        y = Val(y)
        If y Mod 5 = 0 Then
            a = a + y
            x = y
        Else
            a = a + x
        End If
    Next i
    MsgBox(a)
End Sub
```
程序运行后，单击 Button1，在输入对话框中依次输入 15、24、35、46，MsgBox 显示为_____。

A. 100
B. 50
C. 120
D. 70

60. 单选按钮与复选框控件的本质区别是_____。
A. 在窗体上显示的形式不同
B. 若窗体上有多个单选按钮和复选框控件且没有分组，任何时候单选按钮都只能选中一个
C. 若窗体上有多个单选按钮和复选框控件且没有分组，任何时候复选框都只能选中多个
D. 若窗体上有多个单选按钮和复选框控件且没有分组，单选按钮只能选一个，复选框可以选多个

61. 设窗体上有一个名称为 Label1 的标签和一个名称为 Button1 的命令按钮，并编写如下事件过程：
```
Private Sub Button1_Click(...)
    Dim i As Double
    For i = 5 To 1 Step -0.8
        Label1.Text &= Int(i) & " "
    Next i
End Sub
```
运行程序，单击命令按钮，Label1 上显示的内容为_____。
A. 5 4 3 2 1 1
B. 5 4 3 2 1
C. 4 3 2 1 1
D. 4 4 3 2 1 1

62. 设窗体上有一个名称为 Button1 的命令按钮，s 为计算的值，并把结果显示在 MsgBox 中，若编写如下事件过程：
```
Private Sub Button1_Click(...)
    Dim a, s, k As Integer
    s = 1
    a = 2
    For k = 2 To 10
        a = a * 2
        s = s + a
    Next k
    MsgBox(s)
End Sub
```
执行此事件过程后发现结果是错误的，为得到正确的结果，应做的修改是_____。
A. 把 s=1 改为 s=0
B. 把 For k=2 To 10 改为 For k=1 To 10
C. 交换语句 s=s+a 和 a=a*2 的顺序
D. 同时进行 B、C 两种修改

63. 计算 π 的近似值的一个公式是：$\frac{\pi}{4} = 1 - \frac{1}{3} + \frac{1}{5} - \frac{1}{7} + \cdots$。编写下面的程序，用此公式计算并输出 π 的近似值。

```
Private Sub Button1_Click(...)
    Dim Sign = 1, n, k As Integer
    Dim PI As Double = 1
    n = 20000
    For k = 3 To n
        Sign = -Sign
        PI = PI + Sign / k
    Next k
    MsgBox(PI * 4)
End Sub
```

运行后发现结果为 3.22751，显然，程序需要修改。下面修改方案中正确的是_____。

A. 把 For k = 3 To n 改为 For k = 1 To n
B. 把 n = 20000 改为 n = 20000000
C. 把 For k = 3 To n 改为 For k = 3 To n Step 2
D. 把 PI = 1 改为 PI = 0

64. 下面程序计算并输出的是_____。

```
Private Sub Button1_Click(...)
    Dim a, s As Integer
    a = 10
    s = 0
    Do
        s = s + a * a * a
        a = a - 1
    Loop Until a <= 0
    MsgBox(s)
End Sub
```

A. 1³+2³+3³+…+10³ 的值
B. 10!+…+3!+2!+1!的值
C. (1+2+3+…+10)3 的值
D. 10 个 10³ 的和

65. 在窗体上有一个名称为 Button1 的命令按钮和一个名称为 TextBox1 的文本框，然后编写事件过程：

    Private Sub Button1_Click()

```
        Dim a As Integer, t As String
        a = Val(InputBox("请输入日期（1～31）"))
        t = "旅游景点：" _
        & IIf(a > 0 And a <= 10, "长城", "") _
        & IIf(a > 10 And a <= 20, "故宫", "") _
        & IIf(a > 20 And a <= 31, "颐和园", "")
        TextBox1.Text = t
    End Sub
```
程序运行后，如果从键盘上输入 16，则在文本框中显示的内容是_____。
A. 旅游景点：长城故宫
B. 旅游景点：长城颐和园
C. 旅游景点：颐和园
D. 旅游景点：故宫

66. 设有分段函数，则下列代码编写错误的是_____。

$$y = \begin{cases} 5, & x < 0 \\ 2x, & 0 \leq x \leq 5 \\ x^2 + 1, & x > 5 \end{cases}$$

A.
```
Select Case x
    Case Is < 0
        y = 5
    Case Is <= 5, Is >= 0
        y = 2 * x
    Case Else
        y = x * x + 1
End Select
```
B.
```
If x < 0 Then
    y = 5
ElseIf x <= 5 Then
    y = 2 * x
Else
    y = x * x + 1
End If
```
C. `y = IIf(x < 0, 5, IIf(x <= 5, 2 * x, x * x + 1))`
D.
```
If x < 0 Then y = 5
If x <= 5 Then y = 2 * x
If x > 5 Then y = x * x + 1
```

67. 设程序中有如下语句：

    Dim x As String
    x = InputBox("输入", "数据", 100)
    MsgBox(x)

运行程序，执行上述语句，输入 5 并单击输入对话框上的"取消"按钮，则窗体上输出_____。

A. 0
B. 5
C. 100
D. 空白

68. 窗体上有一个名称为 Label1 的标签和一个名称为 Button1 的命令按钮，然后编写事件过程：

    Private Sub Button1_Click()
        Dim x, y As Integer
        x = InputBox("输入 x: ", , 0)
        y = InputBox("输入 y: ", , 0)
        Label1.Text = x + y
    End Sub

运行程序，单击命令按钮，在输入对话框中分别输入 2、3，运行结果是 _____。

A. 程序运行有错误，数据类型不匹配
B. 程序运行有错误，InputBox 函数的格式不对
C. 在 Label1 中显示 5
D. 在 Label1 中显示 23

69. 窗体上有一个名称为 Button1 的命令按钮，然后编写事件过程：

    Private Sub Button1_Click()
        Dim m, n As Integer
        m = InputBox("输入第一个数")
        n = InputBox("输入第二个数")
        Do While m <> n
            Do While m > n
                m = m - n
            Loop
            Do While n > m
                n = n - m
            Loop
        Loop

        MsgBox(m)
    End Sub
该程序的功能是_____。
A. 求数值 m 和 n 的最大公约数
B. 求数值 m 和 n 的最小公倍数
C. 求数值 m 和 n 中的较大数
D. 求数值 m 和 n 中的较小数

70. 窗体上有一个名称为 PictureBox1 的图片框控件和一个名称为 Timer1 的计时器控件，其 Interval 属性值为 1000。要求每隔 5 秒钟图片框右移 100。现编写程序如下：
    Private Sub Timer1_Tick()
        Static n As Integer
        n=n+1
        If(n/5) = Int(n/5) And PictureBox1.Left < Me.Width Then
            Picture1.Left = Picture1.Left+100
        End If
    End Sub
分析以上程序，以下叙述中正确的是_____。
A. 程序中没有设置 5 秒钟的时间，所以不能每隔 5 秒钟移动图片框一次
B. 此程序运行时图片框位置保持不动
C. 此程序运行时图片框移动方向与题目要求相反
D. If 语句条件中的 "Picture1.Left < Me.Width" 用于限制图片框移动的范围

71. 窗体上有一个名称为 Button1 的命令按钮，然后编写事件过程：
    Private Sub Button1_Click()
        Dim i, j, k As Integer, s As Double
        s = 0
        i = 1
        j = 0
        k = -1
        Do While i < 6
            s = s + k * (j / i)
            i = i + 1
            j = j + 1
            k = -k
        Loop
        MsgBox(s)
    End Sub

以上程序所计算的表达式是_____。

A. 1/2-2/3+3/4-4/5
B. -1/2+2/3-3/4+4/5
C. 1-1/2+2/3-3/4+4/5
D. -1+1/2-2/3+3/4-4/5

72. 窗体上有 CheckBox1、CheckBox2 两个复选框，标题分别为"下划线""加粗"，还有一个 TextBox1 文本框和一个 Button1 按钮，则根据复选框选中的情况对文本框中的文字做相应的修饰，如图所示。下面关于 Button1 的 Click 事件过程编写正确的是_____。

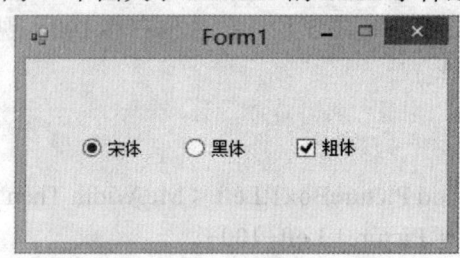

A.
```
    Private Sub Button1_Click()
        If CheckBox1.Checked Then
            TextBox1.Font = New Font(TextBox1.Font.Name, TextBox1.Font.Size, FontStyle.Underline)
        End If
        If CheckBox2.Checked Then
            TextBox1.Font = New Font(TextBox1.Font.Name, TextBox1.Font.Size, FontStyle.Bold)
        End If
    End Sub
```
B.
```
    Private Sub Button1_Click()
        If CheckBox1.Checked Then
            TextBox1.Font = New Font(TextBox1.Font.Name, TextBox1.Font.Size, FontStyle. Underline)
        ElseIf CheckBox2.Checked Then
            TextBox1.Font = New Font(TextBox1.Font.Name, TextBox1.Font.Size, FontStyle. Bold)
        End If
    End Sub
```

C.
```
    Private Sub Button1_Click()
        If CheckBox1.Checked Then
            TextBox1.Font = New Font(TextBox1.Font.Name, TextBox1.Font.Size, FontStyle. Underline)
        Else
            TextBox1.Font = New Font(TextBox1.Font.Name, TextBox1.Font.Size, FontStyle. Bold)
        End If
    End Sub
```
D.
```
    Private Sub Button1_Click()
        If CheckBox1.Checked And CheckBox2.Checked Then
            TextBox1.Font = New Font(TextBox1.Font.Name, TextBox1.Font.Size, FontStyle. Underline Or FontStyle.Bold)
        ElseIf CheckBox1.Checked Then
            TextBox1.Font = New Font(TextBox1.Font.Name, TextBox1.Font.Size, FontStyle. Underline)
        ElseIf CheckBox2.Checked Then
            TextBox1.Font = New Font(TextBox1.Font.Name, TextBox1.Font.Size, FontStyle. Bold)
        Else
            TextBox1.Font = New Font(TextBox1.Font.Name, TextBox1.Font.Size, FontStyle. Regular)
        End If
    End Sub
```

73. 设 a="a"，b="b"，c="c"，d="d"，执行语句 x = IIf((a < b) Or (c > d), "A", "B")后，x 的值为_____。
A. "a"
B. "b"
C. "B"
D. "A"

74. 下面关于单选按钮的叙述中正确的是_____。
A. 在两个分组（GroupBox）中分别画一组单选按钮(RadioButton)，则每组单选按钮中有一个可以被选中
B. 一个窗体上所有单选按钮(RadioButton)是一组，只能有一个被选中，不能分组

C. 在窗体上画两组单选按钮（RadioButton），则每组中分别有一个按钮可以被选中
D. 上述都是错误的

75. 下列不属于计时器控件属性的是_____。
A. Interval
B. Enabled
C. Tick
D. Name

76. 有如下程序：
    Private Sub Form_Click()
        Dim S, N As Integer
        S = 0
        Do
            S = (S + 1) * (S + 2)
            N = N + 1
        Loop Until S >= 30
        MsgBox(N)
        MsgBox(S)
    End Sub
运行程序，单击窗体，输出结果是_____。
A. 4 220
B. 2 42
C. 3 182
D. 1 30

77. 编写如下程序：
    Private Sub Form_Click()
        Dim a = 0, i As Integer
        For i = 1 To 20 Step 3
            a = a + i \ 5
        Next i
        MsgBox(a)
    End Sub
运行程序，单击窗体，输出结果为_____。
A. 14
B. 12
C. 13

D. 11

78. 下列语句组中，不能循环 100 次的有_____。
   A. N=0
      DO
         N=N+1
      LOOP UNTIL N>=100
   B. N=0
      DO
         N=N+1
      LOOP WHILE N<100
   C. N=0
      DO
         N=N+1
      LOOP UNTIL N<100
   D. N=0
      DO WHILE N<100
         N=N+1
      LOOP

79. 窗体上有一个名称为 Button1 的命令按钮，然后编写事件过程：
    Private Sub Button1_Click()
        Dim X = 2, Y As Integer = 1
        If X * Y < 1 Then Y = Y - 1 Else Y = -1
        MsgBox(Y - X > 0)
    End Sub
程序运行后，单击命令按钮，MsgBox 输出结果为_____。
   A. True
   B. False
   C. -1
   D. 1

80. 在窗体上画一个命令按钮和两个文本框，其名称分别为 Button1、TextBox1 和 TextBox2，然后编写如下事件过程：
    Private Sub Button1_Click()
        Dim n As Integer = 0
        Dim a As Single = Val(TextBox1.Text)
        Do While a > 0

```
            n = n + a Mod 10
            a = a \ 10
        Loop
        TextBox2.Text = Str(n)
    End Sub
```
程序运行后，在 TextBox1 中输入 2468，单击 Button1 按钮，则在 TextBox2 中显示的是_____。
A. 8642
B. 2468
C. 10
D. 20

81. 窗体的名称为 Form1，然后编写如下事件过程：
```
    Private Sub Form1_Click()
        Dim x As String
        Dim n, i, c As Integer
        x = InputBox("输入一个英文单词（全部大写）")
        n = Len(x)
        For i = 2 To n
            c = Asc(Mid(x)) + 32
            Mid(x) = Chr(c)
        Next i
        MsgBox(x)
    End Sub
```
以上程序的功能是，从键盘上输入一个由大写字母组成的英文单词，保留第一个字母为大写，把后面的字母全变成小写。程序中有错误，应做的修改是_____。
A. 把 Mid(x)改为：Mid(x,i+1,1)
B. 把 Mid(x)改为：Mid(x,1)
C. 把 Mid(x)改为：Mid(x,i-1,1)
D. 把 Mid(x)改为：Mid(x,i,1)

82. 下列关于滚动条的叙述中，错误的是_____。
A. 在滚动条内拖动滑块时，会触发 SizeChanged 事件
B. 单击滚动条两端的箭头时，会触发 ValueChanged 事件
C. 在滚动条内拖动滑块时，会触发 Scroll 事件
D. 单击滚动条两端的灰色区域，会触发 Scroll 事件

83. 判断单选按钮是否被选中的属性为_____。
A. Checked
B. Index
C. Selected
D. Value

84. 在窗体上画一个名称为 Button1 的命令按钮，然后编写如下事件过程：
```
Private Sub Button1_Click()
    Dim x As String
    x = InputBox("请输入一个字符：")
    Select Case x
        Case Is <= 9
            MsgBox("分支 1")
        Case Is <= "Z"
            MsgBox("分支 2")
        Case Else
            MsgBox("分支 3")
    End Select
End Sub
```
程序运行后，单击命令按钮 Button1，并在输入对话框中输入字符 a，MsgBox 输出结果为_____。
A. 分支 1
B. 程序出错
C. 分支 3
D. 分支 2

85. 下列关于水平滚动条的叙述中，错误的是_____。
A. Scroll 事件在鼠标拖动滚动条滑块时触发
B. 用鼠标拖动滚动条滑块时，会触发 ValueChanged 事件
C. 单击滚动条两端箭头时，会触发 ValueChanged 事件
D. Value 属性值表示单击滚动条两端的箭头时，滚动块向左或向右移动的增量

86. 判断复选框是否被选中的属性为_____。
A. Index
B. Selected
C. Checked
D. Value

87. 在窗体上有一个名称为 Button1 的命令按钮，为了判断并输出获得奖学金信息，编写如下事件过程：

```
Private Sub Button1_Click()
    Dim a% = InputBox("请输入主课成绩 1")
    Dim b% = InputBox("请输入主课成绩 2")
    Dim c% = InputBox("请输入副课成绩")
    Dim s
    s = (a + b + c) / 3
    If s >= 85 Then
        If a >= 90 And b >= 90 Then
            MsgBox("获得一等奖学金")
        Else
            MsgBox("获得二等奖学金")
        End If
    Else
        If a >= 95 Or b >= 95 Then
            MsgBox("获得三等奖学金")
        Else
            MsgBox("不获得奖学金")
        End If
    End If
End Sub
```

程序运行时，如果输入的依次是 90、91、72，则 MsgBox 输出结果是_____。
A. 获得一等奖学金
B. 不获得奖学金
C. 获得三等奖学金
D. 获得二等奖学金

88. 以下 Case 语句中错误的是_____。
A. Case 0 To 10
B. Case Is>10
C. Case Is>10 And Is<50
D. Case 3,5,Is>10

89. 在窗体上有一个名称为 Button1 的命令按钮，编写如下事件过程：
```
Private Sub Button1_Click()
    Dim sum, x As Double
    Dim i, n As Integer
```

```
        sum = 0
        n = 0
        For i = 1 To 5
            x = n / i
            n = n + 1
            sum = sum + x
        Next
        MsgBox(sum)
    End Sub
```
该程序通过 For 循环计算一个表达式的值 sum，这个表达式是_____。
A. 1+1/2+2/3+3/4+4/5
B. 1+1/2+2/3+3/4
C. 1/2+2/3+3/4+4/5
D. 1+1/2+1/3+1/4+1/5

90. 在窗体上画两个名称分别为 TextBox1、TextBox2 的文本框和一个名称为 Button1 的命令按钮，然后编写如下事件过程：
```
    Private Sub Button1_Click()
        Dim x, n As Integer
        x = 1
        n = 0
        Do While x < 20
            x = x * 3
            n = n + 1
        Loop
        TextBox1.Text = Str(x)
        TextBox2.Text = Str(n)
    End Sub
```
程序运行后，单击命令按钮，在两个文本框中显示的值分别是_____。
A. 15 和 1
B. 27 和 3
C. 195 和 3
D. 600 和 4

91. 下面关于 InputBox 函数的叙述，不正确的是_____。
A. 在默认情况下，InputBox 的返回值是一个字符串
B. 当用户点击"取消"按钮后，InputBox 返回空字符串
C. 执行一次 InputBox 函数时，不可以同时输入多个数值

D. 执行一次 InputBox 函数时，可以输入多个数值

92. 下列关于单选按钮和复选框控件的说法中，错误的是_____。
A. 一个复选框的状态发生变化，不会影响其他复选框的状态
B. 一个单选按钮的状态发生变化，同组中必有另一个单选按钮的状态也发生变化
C. 某个单选按钮被单击，一定会触发它的 CheckedChanged
D. 某个复选框被单击，一定会触发它的 CheckedChanged

93. 在窗体上画一个名称为 Button1 的命令按钮，然后编写如下事件过程：
    Private Sub Button1_Click()
        Dim I = 4, A As Integer = 5
        Do
            I = I + 1
            A = A + 3
        Loop Until I >= 9
        MsgBox("I=" & I)
        MsgBox("A=" & A)
    End Sub
程序运行后，单击命令按钮，则 MsgBox 中显示的内容是_____。
A. I=9
   A=20
B. I=10
   A=20
C. I=10
   A=23
D. I=9
   A=23

94. 通过设置 Timer 控件的_____属性，可以启动计时器。
A. Enabled
B. Tick
C. Interval
D. Disable

95. 设有以下循环结构：
    Do
        循环体
    Loop While<条件>

则以下叙述中错误的是_____。
A. 若"条件"是一个为 0 的常数，则一次也不执行循环体
B. "条件"可以是关系表达式、逻辑表达式或常数
C. 循环体中可以使用 Exit Do 语句
D. 如果"条件"总是为 True，则不停地执行循环体

96. 在窗体上画一个名称为 Button1 的命令按钮，然后编写如下事件过程：
```
Private Sub Button1_Click()
    Dim A = 75, I As Integer
    If A > 60 Then
        I = 1
    ElseIf A > 70 Then
        I = 2
    ElseIf A > 80 Then
        I = 3
    ElseIf A > 90 Then
        I = 4
    End If
    MsgBox("I=" & I)
End Sub
```
程序运行后，单击命令按钮，则 MsgBox 中显示的内容是_____。
A. I=1
B. I=2
C. I=3
D. I=4

97. 在窗体上画一个名称为 Button1 的命令按钮，然后编写如下事件过程：
```
Private Sub Button1_Click()
    Dim X = 6, K As Integer
    For K = 1 To 10 Step -2
        X = X + K
    Next K
    MsgBox(K & " " & X)
End Sub
```
程序运行后，单击命令按钮，则 MsgBox 中显示的内容是_____。
A. -1   6
B. -1   16
C. 1   6

D. 11   31

98. 有一个分段函数，当 X<0 时，Y= -1；当 X=0 时，Y=0；当 X>0 时，Y=1。该分段函数在程序段中可表达为_____。
A.　If X < 0 Then Y = -1
　　If X = 0 Then Y = 0 Else Y = 1
B.　If X > 0 Then Y = 1
　　If X = 0 Then Y = 0 Else Y = -1
C.　If X < 0 Then Y = -1
　　ElseIf X = 0 Then Y = 0
　　Else Y = 1
　　End If
D.　If X < 0 Then
　　　　Y = -1
　　ElseIf X = 0 Then
　　　　Y = 0
　　Else
　　　　Y = 1
　　End If

99. 在窗体上有一个名称为 Button1 的命令按钮，单击命令按钮，MsgBox 输出"斐波那契数列"的前 20 项。该数列第一项为 0，第二项为 1，其后每一项的值都是前两项之和，即：0,1,1,2,3,5,8,13,…。为实现此运算，编写如下事件过程：
　　Private Sub Button1_Click( )
　　　　Dim x1, x2, n As Integer
　　　　x1 = 1
　　　　x2 = 1
　　　　n = 0
　　　　Do While _____
　　　　　　MsgBox(x1)
　　　　　　MsgBox(x2)
　　　　　　x1 = x1 + x2
　　　　　　x2 = x1 + x2
　　　　　　n = n + 1
　　　　Loop
　　End Sub
程序中空白处应该填写_____。
A. n<=10

B. n<9
C. n<10
D. n<20

100. 在窗体上画一个名称为 Button1 的命令按钮、一个名称为 Label1 的标签，然后编写如下事件过程：
```
Private Sub Button1_Click()
    Dim num As Integer
    num = 1
    Do Until num > 6
        Label1.Text &= num & " "
        num = num + 2.4
    Loop
End Sub
```
程序运行后，单击命令按钮，则 Lable1 上显示的内容是_____。
A. 1　3.4　5.8
B. 1　3　5
C. 1　4　7
D. 无数据输出

101. 以下能够正确计算 n!的程序是_____。
A.
```
Private Sub Button1_Click()
    Dim n, x, i As Integer
    n = 5
    x = 1
    i = 0
    Do
        x = x * i
        i = i + 1
    Loop While i < n
    MsgBox(x)
End Sub
```
B.
```
Private Sub Button1_Click()
    Dim n, x, i As Integer
    n = 5
    x = 1
    i = 1
    Do
```

```
            x = x * i
            i = i + 1
        Loop While i < n
        MsgBox(x)
    End Sub
```
C.
```
    Private Sub Button1_Click()
        Dim n, x, i As Integer
        n = 5
        x = 1
        i = 1
        Do
            x = x * i
            i = i + 1
        Loop While i <= n
          MsgBox(x)
    End Sub
```
D.
```
    Private Sub Button1_Click()
        Dim n, x, i As Integer
        n = 5
        x = 1
        i = 1
        Do
            x = x * i
            i = i + 1
        Loop While i > n
        MsgBox(x)
    End Sub
```

102. 在窗体上有一个名称为 Button1 的命令按钮，然后编写如下事件过程：
```
    Private Sub Button1_Click()
        Dim n = 0, i, j As Integer
        For i = 1 To 3
            For j = 5 To 1 Step -1
                n = n + 1
            Next j
        Next i
        MsgBox(n & " " & i & " " & j)
    End Sub
```

程序运行后，单击命令按钮，MsgBox 输出结果为_____。
A. 12　0　4
B. 15　0　4
C. 12　3　1
D. 15　4　0

103. 如果 x 的值小于或等于 y 的平方，则打印"OK"，表示这个条件的单行格式 If 语句是_____。
A. If x≤y^2 Then MsgBox("OK")
B. If x≤y^2 MsgBox("OK")
C. If x<=y^2 Then "OK"
D. If x<=y^2 Then MsgBox("OK")

104. InputBox 函数返回值的类型为_____。
A. 数值
B. 字符串
C. 变体
D. 数值或字符串（视输入的数据而定）

105. 在窗体上有一个名称为 Button1 的命令按钮，两个名称分别为 HScrollBar1、HScrollBar2 的滚动条，六个名称分别为 Label1、Label2、Label3、Label4、Label5、Label6 的标签，其中标签 Label4~Label6 分别显示"A""B""A*B"等文字信息，标签 Label1、Label2 分别显示其右侧的滚动条的数值，Label3 显示"A*B"的计算结果。当移动滑块时，在相应的标签中显示滚动条的值。当单击命令按钮"计算 A*B"时，对标签 Label1、Label2 中显示的两个值求积，并将结果显示在 Label3 中。

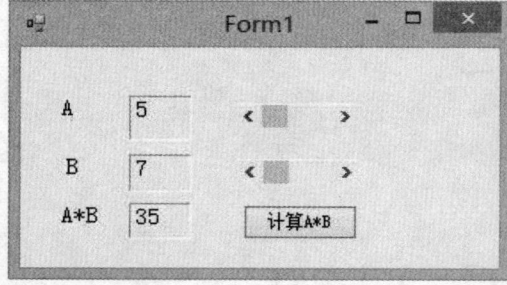

以下不能实现上述功能的事件过程是_____。
A.　Private Sub Button1_Click()
　　　　Label3.Text = Str(Val(Label1.Text) * Val(Label2.Text))
　　End Sub
B.　Private Sub Button1_Click()

```
       Label3.Text = HScrollBar1.Value * HScrollBar2.Value
    End Sub
C.  Private Sub Button1_Click()
       Label3.Text = HScrollBar1 * HScrollBar2
    End Sub
D.  Private Sub Button1_Click()
       Label3.Text = Val(Label1.Text) * HScrollBar2.Value
    End Sub
```

106. 在窗体上有一个名称为 Button1 的命令按钮，一个名称为 TextBox1、带垂直滚动条的文本框，以下程序用于在文本框 TextBox1 中输出 2 到 100 之间的全部素数。

```
Private Sub Button1_Click( )
    Dim N, K, I As Integer
    Dim Flag As Boolean
    TextBox1.Text = ""
    For N = 2 To 100
        K = _____
        I = 2
        Flag = 0
        Do While I <= K And Flag = 0
            If N Mod I = 0 Then Flag = 1 Else I = I + 1
        Loop
        If Flag = 0 Then
            TextBox1.Text = TextBox1.Text & Str(N) & vbCrLf
        End If
    Next N
End Sub
```

程序空白处应该填写_____。
A. Math.Int(Sqrt(N))
B. Math.Sqrt(N)
C. Int(N)
D. N

107. 在窗体上画一个名称为 Button1 的命令按钮、一个名称为 Label1 的标签，然后编写如下事件过程：

```
Private Sub Button1_Click()
    Dim i, j As Integer
    For i = 1 To 4
```

```
            For j = 0 To i
                Label1.Text &= Chr(65 + i) & " "
            Next j
            Label1.Text &= vbCrLf
        Next i
    End Sub
```
程序运行后，单击命令按钮，则标签中显示的内容是_____。

A.
  B B
  C C C
  D D D D
  E E E E E

B.
  A
  B B
  C C C
  D D D D

C.
  B
  C C
  D D D
  E E E E

D.
  A A
  B B B
  C C C C
  D D D D D

108. 设有语句：
    x=InputBox("输入数值","0","示例")
程序运行后，如果从键盘上输入数值 10，并按回车键，则下列叙述中正确的是_____。
A. 变量 X 的值是数值 10
B. 在 InputBox 对话框标题栏中显示的是"示例"
C. 0 是默认值
D. 变量 X 的值是字符串"10"

109. 在窗体上画一个名称为 Button1 的命令按钮、一个名称为 Label1 的标签，然后编写如下事件过程：
```
Private Sub Button1_Click()
    Dim j%
    For j = 1 To 4
        Label1.Text &= (2 * j + 1) & " "
    Next j
End Sub
```
程序运行后，单击命令按钮，则标签中显示的内容是_____。
A. 1 2 3 4
B. 2 4 6 8
C. 3 5 7 9
D. 1 3 5 7

110. 表示滚动条控件取值范围最大值的属性是_____。
A. Maximum
B. LargeChange
C. Value
D. Max-Min

111. 在窗体上画一个名称为 Button1 的命令按钮，然后编写如下事件过程：
```
Private Sub Button1_Click()
    Dim a = 0, b = 0, i, j As Integer
    For i = -1 To -2 Step -1
        For j = 1 To 2
            b = b + 1
        Next j
        a = a + 1
    Next i
    MsgBox(a & " " & b)
End Sub
```
程序运行后，单击命令按钮，则在 MsgBox 上显示的内容是_____。
A. 2 4
B. -2 2
C. 4 2
D. 2 3

112. 在窗体上有一个名称为 Button1 的命令按钮，然后编写如下事件过程：
```
Private Sub Button1_Click()
    Dim a, s As Integer
    a = 8
    s = 1
    Do
        s = s + a
        a = a - 1
    Loop While a <= 0
    MsgBox(s & " " & a)
End Sub
```
程序运行后，单击命令按钮，则在 MsgBox 上显示的内容是_____。
A. 7 9
B. 34 0
C. 9 7
D. 死循环

113. 下面的程序段运行后，显示的结果是_____。
```
Dim x As Integer
If x Then MsgBox(x) Else MsgBox(x+1)
```
A. 1
B. 0
C. -1
D. 显示出错提示信息

114. 用 If 语句表示分段函数，下面不正确的程序段是_____。
A. If x >= 1 Then f = Math.Sqrt(x+1)
   f=x*x+3
B. If x >= 1 Then f = Math.Sqrt(x+1)
   If x < 1 Then f = x*x+3
C. f = x*x+3
   If x >= 1 Then f = Math.Sqrt(x+1)
D. If x < 1 Then f = x*x+3
   Else f = Math.Sqrt(x+1)

115. 计算如下的分段函数值：

$$y = \begin{cases} 0, & x < 0 \\ 1, & 0 \leq x < 1 \\ 2, & 1 \leq x < 2 \\ 3, & x \geq 2 \end{cases}$$

下面程序段中正确的是_____。

A. If x<0 Then y=0
   If x<1 Then y=1
   If x<2 Then y=2
   If x>=2 Then y=3

B. If x>=2 Then y=3
   If x>=1 Then y=2
   If x>=0 Then y=1
   If x<2 Then y=0

C. If x<0 Then
       y=0
   ElseIf x>0 Then
       y=1
   ElseIf x>1 Then
       y=2
   Else
       y=3
   End If

D. If x>=2 Then
       y=3
   ElseIf x>=1 Then
       y=2
   ElseIf x>=0 Then
       y=1
   Else
       y=0
   End If

116. 在窗体上有一个名称为 Button1 的命令按钮，然后编写如下事件过程：
   Private Sub Button1_Click()
       Dim x As Integer
       x = Int(Rnd()) + 5

```
            Select Case x
                Case 5
                    MsgBox("优秀")
                Case 4
                    MsgBox("良好")
                Case 3
                    MsgBox("通过")
                Case Else
                    MsgBox("不通过")
            End Select
        End Sub
```
程序运行后，单击命令按钮，则在 MsgBox 上显示的内容是_____。
A. 优秀
B. 良好
C. 通过
D. 不通过

117. 下面的程序段求两个数中的较大者，_____是不正确的。
A. Max1=IIf(x>y,x,y)
B. If x>y Then Max1= x else Max1=y
C. Max1=Math.Max(x,y)
D. If y>=x Then Max1= y
    Max1=x

118. 下面的程序段计算学生的外语附加分：外语 6 级（lang6）为"优秀"加 15 分，"合格"加 10 分；外语 4 级（lang4）为"优秀"加 8 分，"合格"加 4 分；而且外语附加分只能记一次最高的分数。_____能正确完成计算。
A. If lang6="优秀"Then
        langf=15
    ElseIf lang6="合格"Then
        langf=10
    ElseIf lang4="优秀"Then
        langf=8
    ElseIf lang4="合格"Then
        lang4=4
    Else
        langf=0
    End If

B. If lang4="合格"Then
　　langf=4
　ElseIf lang4="优秀"Then
　　langf=8
　ElseIf lang6="合格"Then
　　langf=10
　ElseIf lang6="优秀"Then
　　lang4=15
　Else
　　langf=0
　End If

C. If lang6="优秀"Then langf=15
　If lang6="合格"Then langf=10
　If lang4="优秀"Then langf=8
　If lang4="合格"Then langf=4

D. If lang4="合格"Then langf=4
　If lang4="优秀"Then langf=8
　If lang6="合格"Then langf=10
　If lang6="优秀"Then langf=15 Else langf=0

二、填空题

1. 补全以下语句，完成功能：当 c 字符串变量中第三个字符是 "C" 时，利用 MsgBox 显示 "Yes"，否则显示 "No"。

　　If_____Then MsgBox "Yes " Else MsgBox "No"

2. 下面的程序运行后输出的结果是_____。

```
x=Int(Rnd)+3
If x^2>8 Then y=x^2+1
If x^2=9 Then y=x^2-2
If x^2<8 Then y=x^3
MsgBox(y)
```

3. 已知如下程序：

```
Private Sub Button1_Click(…)
    Dim x As single= 3.0, n As Integer = 7, p1 as Integer = 10
    If n = 0 Then
        p1 = 1
    Else
```

				If n Mod 2 = 1 Then
					p1 = (x * p1 * x - n \ 2) mod n
				Else
					p1 = (p1 * x + n \ 2) mod n
				End If
			End If
			Msgbox(p1)
		End Sub
程序执行后，p1 的值为_____。

4. 窗体上有名称为 TextBox1 的文本框和名称为 Label1 的标签，编写如下事件过程：
	Private Sub TextBox1_KeyPress(…)
		Select Case Asc(e.KeyChar)
			Case 97 To 122
				Label.Text &= UCase(e.KeyChar)
			Case 65 To 90
				Label.Text &= LCase(e.KeyChar)
			Case 48 To 57
				Label.Text &= e.KeyChar
			Case Else
				Label.Text &= "0"
		End Select
	End Sub
在 TextBox1 中输入 456AbC#，则 Label1 中显示的是_____。

5. 窗体上有名称为 TextBox1 的文本框，运行以下程序：
	Private Sub Button1_Click(…)
		Dim x As Integer = 1, a As Integer = 0, b As Integer = 0
		Select Case x
			Case 0 : b = b + 1
			Case 1 : a = a + 1
			Case 2 : a = a + 1 : b = b + 1
		End Select
		TextBox1.Text = "a=" & a & ",b=" & b
	End Sub
文本框 TextBox1 中显示的是_____。

6. 在窗体上放入一个名称为Button1的命令按钮和TextBox1、TextBox2两个文本框,然后编写如下事件过程:
```
Private Sub Button1_Click(…)
    Dim n, x As Integer
    n = CInt(TextBox1.Text)
    Select Case n
        Case 1 To 20
            x = 10
        Case 2, 4, 6
            x = 20
        Case Is < 10
            x = 30
        Case 10
            x = 40
    End Select
    TextBox2.Text = x
End Sub
```
在文本框TextBox1中输入6,单击按钮,则在TextBox2中显示的是_____。

7. 填写显示如下输入框的代码:

　　　InputBox(_____ , _____ , _____)

8. 运行如下代码:
```
Private Sub Button1_Click(…)
    Dim b As Boolean
    Dim n%, x%, i%, y%
    n = 345
    x = 10000
    i = 5
    y = n \ x
    b = True
```

```
            If y < 1 Then
                b = False
                x = x \ 10
                i = i - 1
            End If
            If Not b Then
                MsgBox("x=" & Format(x, "0000.##") & ",i=" & Format(i, "##.0"))
            Else
                MsgBox("y=" & Format(x, "0000.##") & ",n=" & Format(i, "##.0"))
            End If
        End Sub
```
最后信息框里显示的信息是_____。

9. 运行如下代码：
```
    Private Sub Button1_Click(…)
        Dim i%, sum!
        sum = 0.0
        i = 7
        Select Case i
            Case 1, 4, 7
                sum = sum + 1
            Case 2, 3, 6
                sum = sum + 3
            Case 7, 1, 5
                sum = sum + 4
        End Select
        i = i - 1
        If i >= 4 then
            MsgBox("sum=" & Format(sum, "0.0"))
        else
            MsgBox("i=" & Format(i, "0000"))
        End if
    End Sub
```
最后信息框里显示的是_____。

10.
```
    Private Sub Button1_Click(…)
        Dim x%, k%
        x = 5
```

```
            k = 5
            For k = 1 To 10 Step -2
                x = x + k
            Next
        End Sub
```
以上程序运行后的 k 值是(_____)，x 的值是(_____)。

11. 在窗体上有一个名称为 Label1 的标签和一个名称为 Button1 的命令按钮，然后编写如下事件过程：
```
        Private Sub Button1_Click(…)
            Dim k%, i%, a%
            k = 0
            Label1.Text = ""
            For i = 2 To 4
                a = i ^ i ^ k
                Label1.Text &= a & "-"
            Next i
        End Sub
```
单击按钮 Button1，则 Label1 中显示的是_____。

12.
```
        Private Sub Button1_Click(…)
            Dim n%, i%, j%
            n = 0
            For i = 1 To 3
                For j = 5 To 1 Step -1
                    n = n + 1
                Next j
            Next i
        End Sub
```
以上程序运行后，n 的值为_____，j 的值为_____，k 的值为_____。

13.
```
        Private Sub Button1_Click(…)
            Dim n%, j%
            n = 0
            j = 1
            Do Until n > 2
                n = n + 1
                j = j + n * (n + 1)
```

　　　　　Loop
　　End Sub
以上程序运行后，n 的值为_____，j 的值为_____。

14.　Private Sub Button1_Click(…)
　　　　　Dim a%, b%
　　　　　Do While a <= 5
　　　　　　　b += a * a
　　　　　　　a = a + 1
　　　　　Loop
　　End Sub
以上程序运行后，a 的值为_____，b 的值为_____。

15.　Private Sub Button1_Click(…)
　　　　　Dim x%, a%, y%
　　　　　For x = 1 To 2
　　　　　　　a = 0
　　　　　　　For y = 1 To x + 1
　　　　　　　　　a = a + 1
　　　　　　　Next y
　　　　　　　MsgBox(a)
　　　　　Next x
　　End Sub
运行以上程序，消息框第一次显示的是_____，消息框第二次显示的是_____。

16. 窗体中有一个名字为 Button1 的命令按钮,编写其事件过程如下：
　　Private Sub Button1_Click(…)
　　　　　Dim j%, a%, sum%
　　　　　For j = 1 To 10
　　　　　　　a = Val(InputBox("请输入" & j & "个数"))
　　　　　　　If a / 3 = a \ 3 Or a / 5 = a \ 5 Then
　　　　　　　　　sum += a
　　　　　　　End If
　　　　　Next
　　　　　MsgBox(sum)
　　End Sub
点击 Button1,如果依次在 InputBox 打开的信息框内输入 19、17、15、13、11、9、7、5、3、1，最后 MsgBox 中显示的是_____。

17. 窗体中有一个名字为 Button1 的命令按钮,编写其事件过程如下:
```
Private Sub Button1_Click(…)
    Dim c%, d%
    c = 4
    d = Val(InputBox("请输入一个数"))
    Do While d > 0
        If d > c Then c = c + 1
        d = Val(InputBox("请输入一个数"))
    Loop
    MsgBox(c + d)
End Sub
```
点击 Button1,如果依次在 InputBox 打开的信息框内输入 9、8、7、6、5、4、3、2、1、0,最后 MsgBox 中显示的是_____。

18. 窗体中有一个名字为 Button1 的命令按钮,编写其事件过程如下:
```
Private Sub Button1_Click(…)
    Dim a$ = "等级考试", b$ = "海洋卫星", p$ = ""
    Dim j%
    For j = 1 To 6 Step 2
        p = p & Mid(a, 6 - j, 2) & Mid(b, j, 2)
        If Len(p) = 6 Then Exit For
    Next
    MsgBox(p)
End Sub
```
点击 Button1,MsgBox 中显示的是_____。

19. 窗体中有一个名字为 Button1 的命令按钮,编写其事件过程如下:
```
Private Sub Button1_Click(…)
    Dim k%
    For k = 0 To 3 Step 3
        k = k + 2
    Next
    MsgBox(k)
End Sub
```
点击 Button1,MsgBox 中显示的是_____。

20. 窗体中有一个名字为 Button1 的命令按钮,编写其事件过程如下:
    Private Sub Button1_Click(…)

```
        Dim k%
        For k = 5 To 0 Step -10
            MsgBox(k)
        Next
    End Sub
```
点击 Button1,MsgBox 中显示的是_____。

21. 窗体中有一个名字为 Button1 的命令按钮和一个名字为 Label1 的标签,编写 Button1 的事件过程如下：
```
    Private Sub Button1_Click(…)
        Dim k%
        For k = 10 To 0 Step -3
            k = k + 1
            Label1.Text = k
        Next k
    End Sub
```
点击 Button1,Label1 中显示的是_____。

22. 运行以下程序：
```
    Private Sub Button1_Click(…)
        Dim i%, j%, x%, s%
        x = 3
        s = 8
        For j = 1 To 2
            For i = 1 To 11 Step 3
                x = x - 1
            Next i
            s = s + x
            x = x + 1
        Next j
        MsgBox(s)
        MsgBox(x)
    End Sub
```
最后，s 的值是_____, x 的值是_____。

23. 运行以下程序：
```
    Private Sub Button1_Click(…)
        Dim i%, j%, a%
```

```
        For i = 1 To 3
            For j = 1 To i + 1
                a = a + 1
            Next j
        Next i
        MsgBox(a)
    End Sub
最后，MsgBox 中显示的是_____。

24. 运行以下程序：
    Private Sub Button1_Click(…)
        Dim i%, x%
        x = 3
        For i = 1 To 10 Step 3
            x = x * (i Mod 5)
        Next i
        MsgBox(x)
    End Sub
最后，MsgBox 中显示的是_____。

25. 运行以下程序：
    Private Sub Button1_Click(…)
        Dim i%
        Do
            i = i + 3
        Loop Until i > 15
        MsgBox(i + 1)
    End Sub
最后，MsgBox 中显示的是_____。

26. 运行以下程序：
    Private Sub Button1_Click(…)
        Dim a$, i%, x$, y$, z$
        a = "ABCD"
        For i = 4 To 2 Step -2
            x = Microsoft.VisualBasic.Mid(a, i, 2)
            y = Microsoft.VisualBasic.Left(a, i)
            z = Microsoft.VisualBasic.Right(a, i)
```

                    z = x & y & z
                Next i
                MsgBox(z)
        End Sub
最后，MsgBox 中显示的是_____。

27. 运行以下程序：
    Private Sub Button1_Click(…)
        Dim i%, j%, k%, x%
        For i = 1 To 3 Step 2
            x = 4
            For j = 1 To 3
                x = 3
                For k = 1 To 6 Step 3
                    x = x + i + j + k
                Next k
            Next j
        Next i
        MsgBox(x)
    End Sub
最后，MsgBox 中显示的是_____。

28. 设 a=5，b=6，c=7，d=8，执行语句 x=IIf((a > b) And (c > d), 10, 20)后,x 的值是____。

29. 窗体上有一个名称为 Button1 的命令按钮,编写如下事件过程：
    Private Sub Button1_Click(...)
        Dim a, b, c As String
        a = "software and hardware"
        b = Microsoft.VisualBasic.Right(a, 8)
        c = Mid(a, 1, 8)
        MsgBox(b, , c)
    End Sub
点击 Button1，则在 MsgBox 标题中显示的是____，提示信息是____。

30. 如果执行一个语句后弹出如下图所示的窗口，则这个语句是____。

31. 有如下事件过程:
    Private Sub Form_Click(...)
        Dim x, n, i, j As Integer
        x = 0
        n = InputBox("请输入一个整数")
        For i = 1 To n
            For j = 1 To i
                x = x + 1
            Next j
        Next i
        MsgBox(x)
    End Sub
程序运行后，单击窗体，如果在输入对话框中输入 5，则在 MsgBox 上显示的内容是____。

32. 有如下事件过程:
    Private Sub Form_Click(...)
        Dim a, b, c As String
        Dim k As Integer
        a = "ABCD"
        b = "123456"
        c = ""
        k = 1
        Do While k <= Len(a) Or k <= Len(b)
            If k <= Len(a) Then
                c = c & Mid(a, k, 1)
            End If
            If k <= Len(b) Then
                c = c & Mid(b, k, 1)
            End If
            k = k + 1

```
            Loop
            MsgBox(c)
        End Sub
```
程序运行后，单击窗体，则在 MsgBox 上显示的内容是____。

33. 在窗体上有一个名称为 Button1 的命令按钮，然后编写如下事件过程：
```
    Private Sub Button1_Click(...)
        Dim n, m As Single
        For n = 1 To 20
            If n Mod 3 <> 0 Then m = m + n \ 3
        Next n
        MsgBox(n)
    End Sub
```
程序运行后，如果单击命令按钮，则 MsgBox 上显示的内容是_____。

34. 在窗体上有一个命令按钮、一个文本框和一个计时器控件，名称分别为 Button1、TextBox1 和 Timer1。在属性窗口中把计时器的 Interval 属性设置为 1000，Enabled 属性设置为 False。程序运行后，如果单击命令按钮，则每隔一秒钟在文本框中显示一次当前的时间。以下是实现上述操作的程序：
```
    Private Sub Button1_Click()
        Timer1._____
    End Sub
    Private Sub Timer1_Tick()
        Text1.Text = Time
    End Sub
```
在空白处应填入的内容是_____。

35. 在窗体上画一个名称为 Button1 的命令按钮、一个名称为 Label1 的标签，然后编写如下事件过程：
```
    Private Sub Button1_Click()
        Dim m, x As Integer
        Dim tag As Boolean
        x = InputBox("请输入一个正整数：")
        Do
            tag = True
            m = 2
            Do While tag And m < x \ 2
                If x Mod m = 0 Then
```

                    tag = False
                Else
                    m = m + 1
                End If
            Loop
            If Not tag Then x = x + 1
        Loop While Not tag
        Label1.Text = x
    End Sub
程序运行后，单击命令按钮 Button1，并在输入对话框中输入 14，则标签中显示的内容是_____。

36. 在窗体上画一个名称为 Button1 的命令按钮、一个名称为 Label1 的标签，然后编写如下事件过程：
    Private Sub Button1_Click()
        Dim s = 0, i, x As Integer
        For i = 1 To 15
            x = 2 * i - 1
            If x Mod 3 = 0 Then s = s + 1
        Next i
        Label1.Text = s
    End Sub
程序运行后，单击命令按钮，则标签中显示的内容是_____。

37. 在窗体上有一个名称为 Button1 的命令按钮，然后编写如下事件过程：
    Private Sub Button1_Click()
        Dim I = 0, G As Integer
        For G = 10 To 19 Step 3
            I = I + 1
        Next G
        MsgBox(I)
    End Sub
窗体运行后，单击命令按钮，MsgBox 输出结果为_____。

38. 在窗体上有一个名称为 Button1 的命令按钮，然后编写如下事件过程：
    Private Sub Button1_Click()
        Dim x = 0, a, b As Integer
        Do Until x = -1

            a = InputBox("请输入 a 的值")
            a = Val(a)
            b = InputBox("请输入 b 的值")
            b = Val(b)
            x = InputBox("请输入 x 的值")
            x = Val(x)
            a = a + b + x
        Loop
        MsgBox(a)
    End Sub
程序运行后，单击命令按钮，依次在输入对话框中输入 5、4、3、2、1、-1，MsgBox 输出结果为_____。

39. 在窗体上有一个名称为 Button1 的命令按钮，然后编写如下事件过程：
    Private Sub Button1_Click()
        Dim I, J, K As Integer
        K = 0
        For J = 1 To 2
            For I = 1 To 3
                K = I + 1
            Next I
            For I = 1 To 7
                K = K + 1
            Next I
        Next J
        MsgBox(K)
    End Sub
程序执行后，单击命令按钮，输出结果为_____。

40. 在窗体上有一个名称为 TextBox1 的文本框、一个名称为 Timer1 的定时器，其 Interval 属性值为 1000。为了每一秒在文本框中显示一次当前的时间，编写如下事件过程（在下划线上填入相应的内容）：
    Private Sub Timer1._____ (…)
        TextBox1.Text = _____
    End Sub

41. 在窗体上画一个名称为 Button1 的命令按钮，然后编写如下事件过程：
    Private Sub Button1_Click()

```
        Dim x, n, i, j As Integer
        x = 0
        n = InputBox("请输入一个数")
        For i = 1 To n
            For j = 1 To i
                x = x + 1
            Next j
        Next i
        MsgBox(x)
    End Sub
```
程序运行后,单击命令按钮,如果输入 3,则在 MsgBox 上显示的内容是_____。

42. 下面的语句执行后,变量 w 中的值是_____。
    w = Choose(Weekday("2009,9,1"),"Red","Green","Blue","Yellow")

第五章 数组

一、选择题

1. 设有如下程序:

```
Private Sub Button1_Click(…) Handles Button1.Click
    Dim a(10) As Integer
    Dim n As Integer
    n = InputBox("输入数据")
    If n < 10 Then
        Call GetArray(a, n)
    End If
End Sub
Private Sub GetArray(ByVal b() As Integer, ByVal n As Integer)
    Dim c(10) As Integer
    Dim i, j As Integer
    j = 0
    For i = 1 To n
        b(i) = CInt(Rnd() * 100)
        If b(i) / 2 = b(i) \ 2 Then
            j = j + 1
            c(j) = b(i)
        End If
    Next
    Debug.Print(j)
End Sub
```

以下程序中错误的是____。
A. 数组 b 中的偶数被保存在数组 c 中
B. 程序运行结束时,在即时窗体中显示的是 c 数组中元素的个数
C. GetArray 过程的参数 b 是按值传送的
D. 如果输入的数据大于 10,则即时窗体中不显示任何信息

2. 以下定义数组或给数组元素赋值的语句中，正确的是____。

A. Dim abc() As Integer = {9,2,3,5,7}

B. Dim abc(10) As Integer = {1,2,3,4,5,6,7,8,9,10}

C. Dim abc%(10)
   abc(1) = "ABCDE"

D. Dim a(3) As String
   abc(4) = 13

3. 设有如下的用户定义类型：
   Structure Student
       Dim number As String
       Dim name As String
       Dim sex As String
   End Struction

则以下正确引用该类型成员的代码是____。

A. Student.name="杨帆"

B. Dim s As Student
   s.name="杨帆"

C. Dim s As Type Student
   s.name="杨帆"

D. Dim s As Type
   s.name="杨帆"

4. 一个二维数组可以存放一个矩阵，则下面定义的数组中正好可以存放一个4*2矩阵（即只有12个元素）的是____。

A. Dim a(2,2) AS Integer

B. Dim a(3,2) AS Integer

C. Dim a(4,2) AS Integer

D. Dim a(3,1) AS Integer

5. 在窗体上画两个命令按钮，名称分别为Button1、Button2，并编写如下程序：
```
Const n = 5, m = 4
Dim a(m, n) As Integer
Private Sub Button1_Click(…) Handles Button1.Click
    Dim k% = 1
    Dim i, j
    For i = 1 To m
        For j = 1 To n
```

```
                a(i, j) = k
                k = k + 1
            Next j
        Next i
    End Sub
    Private Sub Button2_Click(…) Handles Button2.Click
        Dim summ As Integer
        Dim i, j
        For i = 1 To m
            For j = 1 To n
                If i = 1 Or i = m Then
                    summ = summ + a(i, j)
                Else
                    If j = 1 Or j = n Then
                        summ = summ + a(i, j)
                    End If
                End If
            Next j
        Next i
        Label1.Text = summ
    End Sub
```

过程 Button1_Click(...)的作用是二维数组 a 中存放一个 m 行 n 列的矩阵；过程 Button2_Click(...)的作用是____。

A. 计算矩阵外围一圈元素的累加和
B. 计算矩阵除外一圈以外的所有元素的累加和
C. 计算矩阵第一列和最后一列元素的累加和
D. 计算矩阵第一行和最后一行元素的累加和

6. 设在窗体中有一个名称为 ListBox1 的列表框，其中有若干个项目（如图）。要求选中某一项后单击 Button1 按钮，就删除选中的项，则正确的事件过程是____。

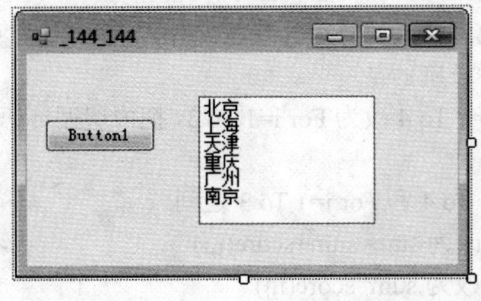

A. Private Sub Button1_Click(...)
         ListBox1.Clear()
    End Sub
B. Private Sub Button1_Click(...)
         ListBox1.Clear(ListBox1. SelectedIndex)
    End Sub
C. Private Sub Button1_Click(...)
         ListBox1.Items.RemoveAt(ListBox1.SelectedIndex)
    End Sub
D. Private Sub Button1_Click(...)
         ListBox1.RemoveAt(ListBox1.SelectedIndex)
    End Sub

7. 以下数组定义语句中，错误的是____。
A. Dim a(10) As Integer
B. Dim c(3,0 To 4)
C. Dim d(-10)
D. Dim b(0 To 5,0 To 3) As Integer

8. 已知在 4 行 3 列的全局数组 score(4,3) 中存放了 4 个学生 3 门课程的考试成绩（均为整数）。现需要计算每个学生的总分，某人编写程序如下：
    Private Sub Button1_Click(...)
        Dim sum As Integer
        sum=0
        For i=1 To 4
            For j=1 To 3
                sum=sum+score(i,j)
            Next j
            Debug.print "第" & i & "个学生的总分是: " & sum
        Next i
    End Sub
运行此程序时发现，除第一个人的总分计算正确外，其他人的总分都是错误的，程序需要修改。以下修改方案中正确的是____。
A. 把外层循环语句 For i=1 To 4 改为 For i=1 To 3，把内层循环语句 For j=1 To 3 改为 For j=1 To 4
B. 把 sum=0 移到 For i=1 To 4 和 For j=1 To 3 之间
C. 把 sum=sum+score(i,j)改为 sum=sum+score(j,i)
D. 把 sum=sum+score(i,j)改为 sum=score(i,j)

9. 窗体上有 Button1、Button2 两个命令按钮。现编写以下程序：
　　Dim a() As Integer,　m As Integer
　　Private Sub Button1_Click(...)
　　　　m = InputBox("请输入一个正整数")
　　　　ReDim a(m)
　　End Sub
　　Private Sub Button2_Click(...)
　　　　m=InputBox("请输入一个正整数")
　　　　ReDim a(m)
　　End Sub
运行程序时，单击 Button1 后输入整数 10，再单击 Button2 后输入整数 9，则数组 a 中元素的个数是____。
A. 5
B. 6
C. 10
D. 11

10. 语句 Dim a(0 To 3,0 To 5) As Integer 定义的数组的元素个数是____。
A. 18
B. 24
C. 21
D. 35

11. 在窗体上画一个命令按钮,名称为 Button1,然后编写如下代码:
　　Private Sub Button1_Click(…) Handles Button1.Click
　　　　Dim B1(4) As Integer, B2(4) As Integer
　　　　Dim i%
　　　　For i = 0 To 2
　　　　　　B1(i + 1) = InputBox("请输入一个整数")
　　　　　　B2(3 - i) = B1(i + 1)
　　　　Next i
　　　　Label1.Text = B2(i)
　　End Sub
程序运行后，单击命令按钮，在输入对话框中依次输入 3、4、5，则输出结果为____。
A. 0
B. 1
C. 2
D. 3

12. 若要获得组合框（ComboBox）中输入的数据，可使用的属性是____。
   A. ListIndex
   B. Text
   C. Items
   D. Name

13. 窗体上有一个名称为 Button1 的命令按钮，其单击事件过程代码如下：
   ```
   Private Sub Button1_Click(…) Handles Button1.Click
       Dim n% = 0
       Dim i As Integer
       Dim x(9) As Integer
       Label1.Text = ""
       For i = 1 To 10
           x(i - 1) = i
       Next
       DoWhile n <= 4
           x(n) = x(n + 5)
           Label1.Text &= Str(x(n)) + Space(2)
           n = n + 1
       Loop
   End Sub
   ```
   运行程序，单击命令按钮 Button1，窗体上显示的是____。
   A. 1 2 3 4 5
   B. 6 7 8 9 10
   C. 2 3 4 5 6
   D. 6 2 3 4 5

14. 在窗体上画一个名称为 ListBox1 的列表框、一个名称为 Label1 的标签，列表框中显示若干个项目，当单击列表框中某个项目时，在标签中显示被选中项目的名称。下列能正确实现上述操作的程序是_____。
   A.　Private Sub ListBox1_Click()
   　　　　Label1.Text = ListBox1.ListIndex
   　　End Sub
   B.　Private Sub ListBox1_Click()
   　　　　Label1.Name = ListBox1.ListIndex
   　　End Sub
   C.　Private Sub ListBox1_Click()
   　　　　Label1.Name = ListBox1.Text

　　　　End Sub
D.　Private Sub ListBox1_Click()
　　　　Label1.Text = ListBox1.Text
　　　End Sub

15. 窗体上有一个名称为 Label1 的标签、一个名称为 ListBox1 的列表框。为了使得单击 ListBox1 中某个表项时，在 Label1 中相应地显示该表项，应使用的程序代码为____。
A.　Private Sub ListBox1_Click()
　　　　Label1.Text = ListBox1.Index
　　　End Sub
B.　Private Sub ListBox1_Click()
　　　　Label1.Text = ListBox1.ListCount
　　　End Sub
C.　Private Sub ListBox1_Click()
　　　　Label1.Text = ListBox1.SelectedIndex
　　　End Sub
D.　Private Sub ListBox1_Click()
　　　　Label1.Text = ListBox1.Text
　　　End Sub

16. 窗体上画一个命令按钮，其名称为 Button1，然后编写如下事件过程：
```
Private Sub Button1_Click(…)
    Dim A(5, 5)
    Dim i, j As Integer
    Label1.Text = ""
    For i = 1 To 3
        For j = 1 To 4
            A(i, j) = i * j
        Next j
    Next i
    For i = 1 To 2
        For j = 1 To 3
            Label1.Text &= Str(A(i, j)) + Space(1)
        Next j
    Next i
End Sub
```
窗体运行后，单击命令按钮，标签 Label1 中显示的结果是_____。
A. 1　2　3　4　2　4

B. 1 2 3 4 6 8
C. 1 2 3 2 4 6
D. 1 2 3 6 3 6

17. 窗体中代码如下：
  Private Sub _455_MouseDown(…)
    Dim A(5), i As Integer
    For i = 1 To 5
      A(i) = i * i
    Next i
    Label1.Text = A(i - 2)
  End Sub
执行后，单击鼠标，输出结果为____。
A. 5
B. 25
C. 0
D. 16

18. 设有如下程序：
  Private Sub form_Click(…)
    Dim a() As Integer = {1, 2, 3, 4, 5, 6, 7, 8, 9}
    Dim i As Integer
    Label1.Text = ""
    For i = 0 To 3
      Label1.Text &= Str(a(5 - i)) + Space(1)
    Next
  End Sub
程序运行后，单击窗体，则在窗体上显示的是____。
A. 4 3 2 1
B. 5 4 3 2
C. 6 5 4 3
D. 7 6 5 4

19. 设有数组声明语句：
  Dim A(2,1)
以上语句所定义的数组 A 为二维数组，共有 6 个元素，第一维下标从____到 2，第二维下标从 0 到 1。
A. -1

B. 0
C. 1
D. 2

20. 窗体上画一个命令按钮，其名称为 Button1，然后编写如下事件过程：
    Private Sub Button1_Click(…) Handles Button1.Click
        Dim M(10), N(10)
        Dim i, j As Integer
        i = 3
        For j = 1 To 5
            M(j) = j
            N(i) = 2 * i + j
        Next j
        Label1.Text = Str(M(i)) + Space(2)
        Label1.Text &= N(i)
    End Sub
    窗体运行后，单击命令按钮，输出结果为_____。
    A. 3   11
    B. 3   15
    C. 11   3
    D. 15   3

21. 在窗体上画一个名称为 Button1 的命令按钮，然后编写如下程序：
    Private Sub Button1_Click(…) Handles Button1.Click
        Dim i As Integer, j As Integer
        Dim a(10, 10) As Integer
        Label1.Text = ""
        For i = 1 To 3
            For j = 1 To 3
                a(i, j) = (i - 1) * 3 + j
                Label1.Text &= Str(a(i, j)) + Space(1)
            Next
            Label1.Text &= vbCrLf
        Next i
    End Sub
    程序运行后，单击命令按钮，窗体上显示的是_____。
    A.
       1 2 3

2 4 6
   3 6 9
B.
   2 3 4
   3 4 5
   4 5 6
C.
   1 2 3
   4 5 6
   7 8 9
D.
   1 2 4
   3 4 6
   5 7 9

22. 下面的数组声明语句中_____是正确的。
A. Dim B[2,3] As String
B. Dim B(2,3) As String
C. Dim B[2 3] As String
D. Dim B(2 3) As String

23. 使用语句 Dim EXAMPLE(5) As Integer 语句之后，以下说法正确的有_____。
A. EXAMPLE 数组中的所有元素值为 0
B. EXAMPLE 数组中的所有元素值不确定
C. EXAMPLE 数组中的所有元素值为 Empty
D. EXAMPLE 数组由 5 个 Integer 类型元素构成

24. 如下数组声明语句，_____是正确的。
A. Dim we(9) As Single={3,5,6,7,9,5,3,4,7}
B. Dim we() As Single={3,5,6,7,9,5,3,4,7}
C. Dim we() As Single={3,"a",6,7,9,5,3,4,7}
D. Dim we(,) As Single={3,5,6,7,9,5,3,4,7}

25. 以下程序的输出结果是_____。
   Private Sub _765_Load(…)
      Dim b() As Integer = {1, 2, 3, 4, 5, 6, 7}
      Dim i As Integer
      For i = 0 To UBound(a)

     b(i) = b(i) * 3
   Next i
   MsgBox(b(i))
  End Sub
A. 21
B. 0
C. 不确定
D. 程序出错

26. 以下程序的输出结果是_____。
  Private Sub Button1_Click(…) Handles Button1.Click
   Dim i%, j%
   Dim a() As Integer = {0, 1, 2, 3, 4, 5, 6, 7, 8, 9}, b(3, 3) As Integer
   Label1.Text = ""
   For i = 1 To 3
    For j = 1 To 3
     b(i, j) = a(i * j)
     Label1.Text &= Space(6 - Len(b(i, j))) & b(i, j)
    Next j
    Label1.Text &= vbCrLf
   Next i
  End Sub
A. 1 2 3
  2 4 6
  3 6 9
B. 1
  4 5
  7 8 9
C. 1 4 7
  2 5 8
  3 6 9
D. 1 2 3
  4 6
  9

27. 对于正在使用的数组 x(n)，既要增加 2 个数组元素，又要保留原来数组中的值，以下语句中正确的是_____。
A. Dim x(n+2)

B. ReDim x(n+2)
C. Dim Preserve x(n+2)
D. ReDim Preserve x(n+2)

28. 已知数组声明语句 Dim a%() = {1, 2, 3, 4, 5, 6}，则语句 UBound(a)获得的结果为_____。
A. 6
B. 5
C. 4
D. 7

29. 已知数组声明语句 Dim a%() = {1, 2, 3, 4, 5, 6}，则下面的语句中对数组元素的访问错误的是_____。
A. a(0) = a(1) + a(2)
B. a(3) = a(4) + 1
C. a(6) = a(4) – a(5)
D. a(0) = a(1) Mod 2

30. 下面数组的初始化不正确的是_____。
A. Dim a%() = {1, 2, 3, 4, 5, 6}
B. Dim a(,) As Integer= {{1, 2, 3}, {4, 5, 6}}
C. Dim a%(5) = {1, 2, 3, 4, 5, 6}
D. Dim a(,) As Integer = {{1, 2},{3, 4}, {5, 6}}

31. 已知数组声明语句 Dim a%() = {1, 2, 3, 4, 5, 6}，则下面对数组重新定义语句中正确的为_____。
A. ReDim a() As Single
B. ReDim a(10)
C. ReDim a(2,1)
D. ReDim b(10)

32. 语句 Dim a%(9,11)声明的数组 a 所包含的元素个数为_____。
A. 120
B. 100
C. 99
D. 110

33. 为了保存下列若干同学的成绩{77.5, 89, 91.5, 84, 70}，应该使用的声明数组的语句是_____。

A. Dim score(1 to 5) as Integer

B. Dim score(0 to 4) as Single

C. Dim score(2,2) as double

D. Dim score(4) as long

34. 已知数组声明语句 Dim b(,) as Integer = {{1,2,3,4},{5,6,7,8},{9,10,11, 12}}，下面能够正确地访问到数值为 10 的元素的元素表达式是_____。

A. b(1,1)

B. b(3,2)

C. b(2,1)

D. b(2,0)

35. 语句 Dim a(2, 3, 4)所声明的数组 a 中包含的元素个数是_____。

A. 9

B. 8

C. 60

D. 24

36. 下列语句中，不能获得列表框 ListBox1 中当前被选定项目内容的语句是_____。

A. ListBox1.Text

B. ListBox1.SelectedItem

C. ListBox1.SelectedIndex

D. ListBox1.Items(ListBox1.SelectedIndex)

37. 如图所示，在一个列表框（ListBox）中维护了一个有序的整数数组。当需要往 ListBox 中插入一个新元素时，需要使用_____方法，才能使数组在插入元素之后仍然有序。

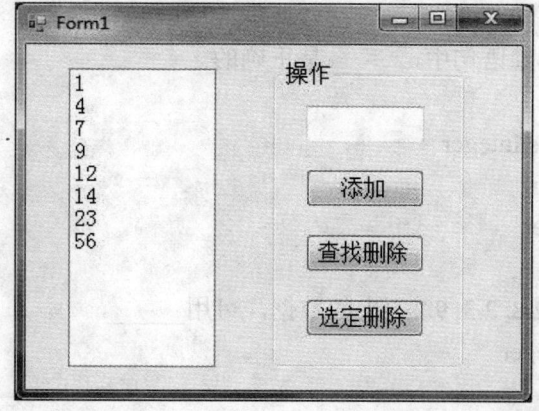

A. Move
B. ReMove
C. Insert
D. Add

38. 下列程序段的执行结果为：
    Dim a() As String = {"1", "2", "3", "4"}
    Debug.Print(a(3))
    ReDim Preserve a(2)
    Debug.Print(a(2))
输出的结果是_____。
A. 32
B. 出错
C. 43
D. 1234

39. Dim b(,) as integer = {{1,2,3,4},{5,6,7,8},{9,10,11, 12 }}
如何访问值为 10 的元素？_____
A. b(1,1)
B. b(2,1)
C. b(0,2)
D. b(2,0)

40. 为了保存(6.5, 5, 12.8, 2.3, 9.2)中的数据，可用_____。
A. Dim a(1 to 5) as integer
B. Dim a(2,2) as single
C. Dim a(0 to 4) as double
D. Dim a(-5 to -1) as long

41. 下列声明数组的单独语句中，_____是正确的。
A. Dim a[6] as Integer
B. Dim a(0 to 5, 5+1) as Integer
C. Dim a(n,6) as integer
D. Dim a(5*n) as integer

42. 为了保存(6.5, 5, 12.8, 2.3, 9.2,7)中的数据，可用_____。
A. Dim a(1 to 5) as integer
B. Dim a(2,2) as single

C. Dim a(0 to 4) as double
D. Dim a(-5 to -1) as long

43. 全局变量定义语句应出现在_____。
A. 窗体类中
B. 标准模块中
C. 窗体类以外的窗体代码窗口中
D. 以上都不是

44. 下列数组定义语句正确的是_____。
A. Dim Arr(1 To 8) As Integer
B. Dim Arr() As Integer={1,2,3}
C. Dim Arr(3) As Integer={1,2,3,4}
D. Dim Arr(1 To 2)={1，2}

45. 已知有如下数组定义语句：
    Dim Arr(4,5) As Integer
则以下 ReDim 语句不正确的是_____。
A. ReDim Arr(2,3)
B. ReDim Preserve Arr(2,3)
C. ReDim Preserve Arr(4,6)
D. ReDim Preserve Arr(4,5)

46. 声明一个动态数组 dim intX() as integer，在使用 intX 之前，要重新定义 intX，下面格式正确的是_____。
A. ReDim IntX()
B. Dim IntX()
C. Dim IntX(3)
D. ReDim IntX(5)

47. 下列程序调试时，会产生_____错误。
    Dim Stu(2, 3)
    For I = 1 To 4
        For j = 1 To 5
            Stu(I, j) = I * j
        Next j
    Next I
A. 下标越界

B. 大小写不匹配
C. 数组定义错误
D. 循环嵌套错误

48. 阅读以下程序，执行该程序后，数组 A 和数组 B 的值分别是_____。
```
Private Sub Button1_Click(…) Handles Button1.Click
    Dim a(100), b(100) As Integer
    Dim i As Integer
    For i = 1 To 100
        a(i) = i
    Next i
    For i = 1 To 100
        b(i) = a(i) + a(i - 1)
    Next i
End Sub
```
A. 数组 A 和数组 B 各存储 1~100 的自然数
B. 数组 A 存储 1~100 的自然数，数组 B 存储 101~200 的自然数
C. 数组 A 存储 1~100 的自然数，数组 B 存储 1~199 的奇数
D. 数组 A 存储 1~100 的自然数，数组 B 存储 2~200 的偶数

49. 以下说法正确的是_____。
A. 使用 ReDim 语句可以改变数组的维数
B. 使用 ReDim 语句可以改变数组的类型
C. 使用 ReDim 语句可以改变数组每一维的大小
D. 使用 ReDim 语句可以对数组中的所有元素进行初始化

50. 下列程序段的执行结果为_____。
```
Private Sub Button1_Click(…) Handles Button1.Click
    Dim A(10) As Integer, B(5) As Integer
    Dim i, j As Integer
    For i = 1 To 10
        A(i) = i
    Next i
    For j = 1 To 5
        B(j) = j * 20
    Next j
    A(5) = B(2)
    Label1.Text = "A(5)=" & A(5)
```

End Sub
A. A(5)=5
B. A(5)=10
C. A(5)=20
D. A(5)=40

51. 向列表框中填加一个新项目，正确的语句是_____。
A. ListBox1.Items.Add (2,"How are You?")
B. ListBox1.Items.Insert("How are You?")
C. ListBox1.Items.Insert (2,"How are You?")
D. ListBox1.Items.Add ("How are You?")

52. 关于以下语句：
    Structure MyStru
        No as integer
        Sex As Char
    End Structure
    Dim s(100) AS MyStru
以下叙述不正确的是_____。
A. s 是结构数组
B. MyStru 是结构变量
C. s[0].No=1234 是正确的赋值语句
D. MyStru 是结构类型

53. 在过程定义中，形参有传值、传地址两种方式，在形参前加_____关键字表示传值方式。
A. ByVal
B. ByRef
C. Val
D. Value

54. 要分配存放如下方阵的数据，可使用数组声明语句_____来实现（不能浪费空间）。
$$\begin{bmatrix} 1.1 & 2.2 & 3.3 \\ 4.4 & 5.5 & 6.6 \\ 7.7 & 8.8 & 9.9 \end{bmatrix}$$
A. Dim a(9) As Single
B. Dim a(3,3) As Single
C. Dim a(2,2) As Singe

D. Dim a(2,2) As Integer

二、填空题

1. 对于正在使用的数组 x(n)，既要增加 2 个数组元素，又要保留原来数组元素的值，使用的命令是_____。

2. 有如下数组声明语句：dim a(3,4)；则数组 a 中包含的元素有_____个。

3. 如果要清除列表框 ListBox1 中的所有内容，应采用_____方法。

4. 要将一个组合框 ComboBox 设置为简单组合框，则应该将其 DropDownStyle 属性设置为_____。

5. 要使组合框（ComboBox）显示可输入的文本框与下拉菜单选项，应将其 DropDownStyle 属性设置为_____。

6. 列表框中的列表项的数目可通过哪个属性的值获得：_____。

7. 设窗体上有一个列表框控件 ListBox1，且其中有若干列表项，则以下能表示当前被选中的列表项内容的是_____。

8. 在窗体上画一个名称为 Button1 的命令按钮，然后编写如下事件过程：
```
    Private Sub Button1_Click(…) Handles Button1.Click
        Dim a() As Integer = {1, 3, 5, 7, 9}
        Dim i
        For i = 0 To UBound(a)
            a(i) = a(i) + i - 1
        Next
        Label1.Text = a(3)
    End Sub
```
程序运行后，单击命令按钮，则标签上显示的内容是_____。

9. 阅读程序：
```
    Private Sub Button1_Click(…) Handles Button1.Click
        Dim Sum, i
        Sum = 0
        Dim arr() = {2, 4, 6, 8, 10, 12, 14, 16, 18, 20}
        For i = 0 To 9
```

                If arr(i) / 4 = arr(i) \ 4 Then
                    Sum = Sum + arr(i)
                EndIf
            Next i
            label1.text = Sum
        End Sub
程序运行后，单击按钮，标签 label1 的输出结果为_____。

10. 在窗体上画一个名称为 Button1 的命令按钮，然后编写如下程序：
        Private Sub Button1_Click(…) Handles Button1.Click
            Label1.Text = ""
            Dim a() As Integer = {3, 2, 3, 5, 7}
            Dim Sum, i, x As Single
            Sum = 0
            For i = 0 To 4
                Sum = Sum + a(i)
            Next i
            x = Sum / (UBound(a) + 1)
            For i = 0 To 4
                If a(i) > x Then Label1.Text &= Str(a(i)) + Space(2)
            Next i
        End Sub
程序运行后，单击命令按钮，在窗体上显示的内容是_____。

11. 在窗体上画一个命令按钮 Button1，然后编写如下代码：
        Private Sub Button1_Click(…) Handles Button1.Click
            Dim a() AsInteger = {2, 5, 7, 7}
            Dim s%, i%
            s = 0
            Dim j% = 1
            For i = 3 To 0 Step -1
                s = s + a(i) * j
                j = j * 10
            Next i
            Label1.Text = s
        End Sub
运行上面的程序，单击命令按钮，其输出结果是_____。

12. 下列程序段的执行结果为_____。
    ```
    Private Sub Button1_Click(...) Handles Button1.Click
        Dim X(10), I As Integer
        For I = 0 To 9
            X(I) = 2 * I + 1
        Next I
        Label1.Text = X(X(3))
    End Sub
    ```

13. 在窗体上画一个名称为 Text1 的文本框和一个名称为 Button1 的命令按钮，然后编写如下事件过程：
    ```
    Private Sub Button1_Click(…) Handles Button1.Click
        Dim array1(10, 10) As Integer
        Dim i As Integer, j As Integer
        For i = 1 To 3
            For j = 2 To 4
                array1(i, j) = 2 * i + j
            Next j
        Next i
        TextBox1.Text = array1(2, 3) + array1(3, 4)
    End Sub
    ```
    程序运行后，单击命令按钮，在文本框中显示的值是_____。

14. 设有命令按钮 Button1 的单击事件过程：
    ```
    Private Sub Button1_Click(...) Handles Button1.Click
        Dim a(4, 4) As Integer
        Dim i%, j%
        Dim Sum!
        For i = 1 To 4
            For j = 1 To 4
                a(i, j) = i * j + i
            Next j
        Next i
        Sum = 0
        For i = 1 To 4
            Sum = Sum + a(i, 5 - i)
        Next i
        Label1.Text = Sum
    ```

End Sub
运行程序，单击命令按钮，输出结果是_____。

15. 在窗体上画一个命令按钮和一个标签，有如下代码：
    Private Sub Button1_Click(…)Handles Button1.Click
        Dim a(10) As Integer
        Dim x, i As Integer
        For i = 1 To 10
            a(i) = 6 + i
        Next
        x = 2
        label1.text = a(f(x) + x)
    End Sub
    Function f(ByVal x As Integer)
        x = x + 3
        f = x
    End Function
程序运行后，单击命令按钮，输出结果为_____。

16. 在窗体上画一个名称为 ListBox1 的列表框、一个名称为 Label1 的标签，列表框中显示若干城市的名称，但单击列表框中的某个城市名时，该城市名从列表框中消失，并在标签中显示出来。下列程序的空白处应是_____。
    Private Sub ListBox1_Click(...)
        Label1.Text=ListBox1.Text
        _____
    End Sub

17. 在窗体上画一个名称为 Button1 的命令按钮，然后编写如下程序：
    Private Sub Button1_Click(…) Handles Button1.Click
        Dim i As Integer, j As Integer
        Dim b(10, 10) As Integer
        For i = 1 To 3
            For j = 1 To 3
                b(i, j) = (i - 1) * 2 + j
                Debug.Write(b(i, j) & Space(2))
            Next j
            Debug.WriteLine("")
        Next i

End Sub
程序运行后，单击命令按钮，即时窗口上显示的是_____。

18. 有以下程序：
```
Private Sub form1_Click1(…) HandlesMe.Click
    Dim i As Integer, j As Integer
    Dim exam(3, 2) As Integer
    For i = 1 To 3
        For j = 1 To 2
            exam(i, j) = i * 3 + j
        Next j
    Next i
    ReDim Preserve exam(3, 4)
    For j = 3 To 4
        exam(3, j) = j + 7
    Next j
    Label1.Text = exam(3, 3) &"   "& exam(3, 4)
End Sub
```
程序运行后，单击窗体，输出结果为_____。

19. 在窗体上有一个名称为 Button1 的命令按钮和一个名称为 label1 的标签，然后编写如下事件过程：
```
Private Sub Button1_Click(…) Handles Button1.Click
    Dim xy(5, 5) As Integer
    Dim m%, n%
    For m = 1 To 5
        For n = 1 To 5
            xy(m, n) = (m + n) * 5 \ 10
        Next n
    Next m
    Dim s! = 0
    For m = 1 To 5
        s = s + xy(m, m)
    Next m
    label1.text = s
End Sub
```
程序运行后，单击命令按钮，输出结果是_____。

20. 设在窗体 Form1 上有一个列表框 ListBox1，其中有若干个项目。要求单击列表框中某一项时，把该项显示在即时窗口上。下面事件过程的空白处应是_____。
    Private Sub ListBox1_Click(...)
        _____
    End Sub

21. 执行下面的程序时，显示的结果是____。
    Private Sub Button1_Click(…) Handles Button1.Click
        Dim b(10)
        Dim i%
        For i = 1 To 10
            b(i) = 11 - i
        Next i
        Label1.Text = (b(b(3) \ b(5) Mod b(7)))
    End Sub

22. 设窗体上有一个列表框控件 ListBox1，含有若干列表项。以下能表示当前被选中的列表项内容的是_____。

23. 在窗体上画一个名为 Button1 的命令按钮，然后编写如下代码：
    Private Sub Button1_Click(…) Handles Button1.Click
        Dim a() As Integer = {3, 5, 7, 9}
        Dim j% = 1
        Dim s%, i%
        For i = 0 To 3 Step 1
            s = s + a(i) * j
            j = j * 10
        Next i
        Label1.Text = s
    End Sub
运行上面的程序，其输出结果是_____。

24. 现有如下程序，它实现的功能是_____。
    Private Sub Button1_Click(…) Handles Button1.Click
        Dim arr(10) As Integer
        Dim i As Integer
        Dim x As Integer
        For i = 0 To 9

```
            arr(i) = Int(Rnd() * 100)
            Debug.Print(arr(i))
        Next i
        x = Val(InputBox("输入 0 到 9 的一个整数:"))
        For i = x + 1 To 9 '循环 2
            arr(i - 1) = arr(i)
        Next i
        For i = 0 To 8 '循环 3
            Debug.Print(arr(i))
        Next i
    End Sub
```

25. 编写如下程序：
```
    Private Sub Button1_Click(…) Handles Button1.Click
        Dim i As Integer, n As Integer
        Dim a() As Integer
        Dim temp%
        Label1.Text = ""
        n = InputBox("请输入数值：")
        ReDim a(n)
        For i = 1 To UBound(a)
            a(i) = i * 2
        Next
        For i = 1 To UBound(a) \ 2
            temp = a(i)
            a(i) = a(n - i + 1)
            a(n - i + 1) = temp
        Next
        For i = 1 To UBound(a)
            Label1.Text &= Str(a(i)) + Space(1)
        Next
    End Sub
```
程序运行后，单击命令按钮 Button1，并在输入对话框中输入 5，输出结果为_____。

26. 执行以下 Button1 的 Click 事件过程，在窗体上显示_____。
```
    Private Sub Button1_Click(…) Handles Button1.Click
        Dim a() As String = {"3", "4", "c", "d", "1", "f", "6"}
        Debug.Write(a(2))
```

　　　　Debug.Write(a(4))
　　　　Debug.Write(a(6))
　　End Sub

27. 在窗体上画一个列表框和一个文本框，然后编写如下两个事件过程：

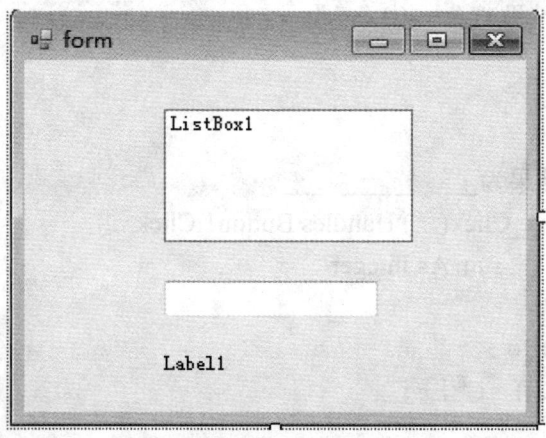

　　Private Sub form_Load(…) HandlesMyBase.Load
　　　　ListBox1.Items.Add("357")
　　　　ListBox1.Items.Add("245")
　　　　ListBox1.Items.Add("123")
　　　　ListBox1.Items.Add("456")
　　　　TextBox1.Text = ""
　　End Sub
　　Private Sub ListBox1_DoubleClick(…) Handles ListBox1.DoubleClick
　　　　Dim a%
　　　　a = ListBox1.Text
　　　　Label1.Text = TextBox1.Text+ Str(a)
　　End Sub
程序运行后，在文本框中输入 abc，然后双击列表框中的 456，则输出结果是_____。

28. 语句 Dim a(3) as Integer 所定义的数组 a 中包含 4 个整型类型的元素，共占用_____个字节的内存空间。

29. 下面代码的执行结果为_____。
　　Private Sub Button1_Click(…) Handles Button1.Click
　　　　Dim i%, m%
　　　　Dim a() As Integer = {1, 2, 3, 4, 5, 6}
　　　　For i = 1 To 6 \ 2

            m = a(i)
            a(i) = a(6 - i)
            a(6 - i) = m
        Next i
        For i = UBound(a) To 2 Step -1
            TextBox1.Text &= a(i) & ","
        Next i
    End Sub
```

30. 下面代码的执行结果为_____。
```
    Private Sub Button1_Click(…) Handles Button1.Click
        Dim A(3, 3), i, j, sum As Integer
        For i = 0 To 3
            For j = 0 To 3
                A(i, j) = i * j + j
            Next j
        Next i
        sum = 5
        For i = 3 To 2 Step -1
            sum = sum + A(i, i)
        Next
        MsgBox(sum + A(i, i))
    End Sub
```

31. 下面代码的执行结果为_____。
```
    Private Sub Button1_Click(…) Handles Button1.Click
        Dim A(5, 5), i, j, sum As Integer
        For i = 1 To 5
            For j = 1 To 5
                A(i, j) = i + j
            Next j
        Next i
        sum = i + j
        For i = 4 To 5
            sum = sum + A(i, i - 2)
        Next i
        MsgBox(sum)
    End Sub
```
```

32. 下面代码的执行结果为_____。
    Private Sub Button1_Click(…) Handles Button1.Click
        Dim A(3, 3) As Integer
        Dim i%, j%, k%
        k = 0
        For i = 0 To 3
            For j = 3 To 0 Step -1
                k = k + 1
                A(i, j) = k
            Next j
        Next i
        MsgBox(A(2, 3) + A(3, 2))
    End Sub

33. 下面代码的执行结果为_____。
    Private Sub Button1_Click(…) Handles Button1.Click
        Dim A() As Integer = {7, 8, 9, 10}
        Dim i%, m%
        For i = 0 To 10 \ 3
            m = A(i)
            A(i) = A(2 - i + 1)
            A(2 - i + 1) = m
        Next i
        For i = UBound(A) To 0 Step -1
            TextBox1.Text &= A(i) & ","
        Next i
    End Sub

34. 下面代码的执行结果为_____。
    Private Sub Button1_Click(…) Handles Button1.Click
        Dim i%
        Dim a() As String = {"Cafe", " & ", "flowers"}
        For i = UBound(a) To 0 Step -1
            TextBox1.Text &= a(i)
        Next i
    End Sub

35. Dim a(9) As Integer 语句定义的数组占____个字节。

36. 下面程序 inputbox()函数的提示信息为_____；如果输入的数据是 3、5、7，则标签的输出内容是_____。

```
Private Sub Button1_Click(…) Handles Button1.Click
    Dim i%
    Dim a(2) As String
    Label1.Text = ""
    For i = 0 To 2
        a(i) = Val(InputBox("please input a(" & Trim(Str(i)) & ")"))
    Next
    For i = 2 To 0 Step -1
        Label1.Text &= "a(" & Trim(Str(i)) & ")=" & a(i) & vbCrLf
    Next i
End Sub
```

37. 下列程序的运行结果为_____。

```
Private Sub Button1_Click(…) Handles Button1.Click
    Dim i, j, n As Integer
    Dim a(9, 9) As Integer
    Label1.Text = ""
    For i = 1 To 9
        For j = 1 To i
            a(i, j) = a(i - 1, j) + a(i - 1, j - 1)
            If i = j Then a(i, j) = 1
            Label1.Text &= Str(a(i, j)) + Space(5 - Len(Str(a(i, j))))
        Next
        Label1.Text &= vbCrLf
    Next
End Sub
```

38. 下列程序段的执行结果为_____。

```
Private Sub Button1_Click(…)
    Dim i%
    Dim A(2, 2) As Integer
    For i = 1 To 2
        A(i, i) = i
    Next
    ReDim A(3, 3)
    Debug.Print(A(2, 2) + 5)
```

        End Sub

39. 下列程序段的执行结果为_____。
    ```
    Private Sub Button1_Click(…) Handles Button1.Click
        Dim A(3, 3), i%, j%
        Label1.Text = ""
        For i = 1 To 3
            For j = 1 To 3
                Select Case i
                    Case Is < j
                        A(i, j) = "*"
                    Case Is > j
                        A(i, j) = "$"
                    Case i
                        A(i, j) = "#"
                End Select
                Label1.Text &= (A(i, j)) + Space(2)
            Next
            Label1.Text &= (vbCrLf)
        Next
    End Sub
    ```

40. 下面程序的运行结果是_____。
    ```
    Private Sub Button1_Click(…) Handles Button1.Click
        Dim a(3) As Integer
        Dim b(3) As String
        Dim c(3) As Boolean
        Dim d(3) As Date
        Label1.Text = a(1)
        Label2.Text = "*" & b(1) & "*"
        Label3.Text = c(1)
        Label4.Text = d(1)
    End Sub
    ```

41. 用语句 Dim a(2, 3, 4)声明数组后，数组 a 中有_____个元素。

42. 执行如下程序，运行后，标签的输出结果为_____。
    Private Sub Button1_Click(…) Handles Button1.Click

```
        Dim i%
        Dim a() As String = {"1", "2", "3"}
        Label1.Text = ""
        For i = UBound(a) To 0 Step -1
            Label1.Text &= a(i) & Space(2)
        Next i
    End Sub
```

43. 执行如下程序，运行后，标签的输出结果为_____。
```
    Private Sub Button1_Click(…) Handles Button1.Click
        Dim i%
        Dim a() As String = {"a", "b", "c"}
        Label1.Text = ""
        For i = UBound(a) To 0
            Label1.Text &= a(i) & Space(2)
        Next i
    End Sub
```

44. 用语句 dim a(10) as single 定义数组，其将占用_____个字节的空间。

45. 对于正在使用的数组 file(n)，要求增加 2 个数组元素，不保留原来数组元素的值，使用的命令是_____。

46. 组合框是兼有_____和列表框两者的功能特性而形成的一种控件。

47. 有如下程序：
```
    Private Sub Button1_Click(…) Handles Button1.Click
        Dim a(3, 3), m, n As Integer
        For m = 1 To 3
            For n = 1 To 3
                a(m, n) = (m - 1) * 3 + n
            Next n
        Next m
        TextBox1.Text = ""
        For m = 2 To 3
            For n = 1 To 2
                TextBox1.Text = TextBox1.Text + CStr(a(n, m)) + ""
            Next n
```

            Next m
         End Sub
运行后，TextBox1 中显示的文本是_____。

48. 在 VB.NET 中，数组元素的下标是从_____开始的。

49. 已知数组 Arr 是二维数组，在程序中要知道该数组第二维的下标上界，应执行语句_____。

50. 编写程序，完成以下功能：
（1）利用随机数生成两个矩阵（数据不一定与例子相同，前者范围 30～70，后者范围 101～135）。

$$A = \begin{bmatrix} 35 & 67 & 53 & 50 \\ 33 & 46 & 66 & 39 \\ 47 & 56 & 67 & 41 \\ 30 & 69 & 55 & 38 \end{bmatrix} \quad B = \begin{bmatrix} 103 & 115 & 125 & 101 \\ 133 & 127 & 132 & 135 \\ 111 & 103 & 134 & 118 \\ 123 & 109 & 113 & 130 \end{bmatrix}$$

（2）将两个矩阵相加结果放入 C 矩阵中。
（3）将 A 矩阵转置。
（4）统计 C 矩阵中最大值和下标。
（5）以下三角形式显示 A 矩阵，以上三角形式显示 B 矩阵。
（6）将 A 矩阵第一行与第三行对应元素交换位置，即第一行元素放第三行，第三行元素放在第一行。
（7）求 A 矩阵两条对角线元素之和。
（8）将 A 矩阵按列的次序把各元素放入一维数组 D 中，显示结果。

51. 编写程序，完成以下功能：声明一个一维字符类型数组，有 20 个元素，每个元素最多放 10 个字符。要求：
（1）由随机数形成小写字母构成的数组，每个元素的字符个数由随机数产生，范围 1～10。
（2）要求将生成的数组分 4 行显示，规定每个元素宽度为 10。
（3）显示生成的字符数组中字符最多的元素。

第六章 过程

一、选择题

1. 设一个工程由两个窗体组成，其名称分别为 Form1 和 Form2，在 Form1 上有一个名称为 Button1 的命令按钮。窗体 Form1 的程序代码如下：

  Private Sub Button1_Click(…) Handles Button1.Click
    Dim a As Integer
    a = 10
    Call g(Form2, a)
  End Sub
  Private Sub g(ByVal f As Form, ByVal x As Integer)
    Dim y As Single
    y = IIf(x > 10, 100, -100)
    f.Show()
    f.Text = y
  End Sub

运行以上程序，正确的是____。
A. Form1 的 Text 属性值为 100
B. Form2 的 Text 属性值为-100
C. Form1 的 Text 属性值为-100
D. Form2 的 Text 属性值为 100

2. 在窗体上画一个名称为 Button1 的命令按钮，并编写如下程序：

  Private Sub Button1_Click(…) Handles Button1.Click
    Dim a As Integer
    Static b As Integer
    a = 7
    b = 5
    Call f1(a, b)
    Label1.Text = Str(a) + Space(2) + Str(b)
  End Sub

Private Sub f1(ByVal a1 As Integer, ByVal b1 As Integer)
    a1 = a1 + 2
    b1 = b1 + 5
End Sub

程序运行后，单击命令按钮，在标签上显示的内容是____。

A. 10 5
B. 7   5
C. 10 7
D. 12 7

3. 在窗体上画一个名称为 TextBox1 的文本框、一个名称为 Button1 的命令按钮，然后编写如下事件过程和通用过程：

Private Sub Button1_Click(…) Handles Button1.Click
    Dim n, f As Single
    n = Val(TextBox1.Text)
    If n \ 2 <> n / 2 Then
        f = f1(n)
    Else
        f = f2(n)
    End If
    Label1.Text = (f) & Space(2) & n
End Sub
Public Function f1(ByRef x)
    x = x * x
    f1 = x + x
End Function
Public Function f2(ByVal x)
    x = x * x
    f2 = x * 3
End Function

程序运行后，在文本框中输入 6，然后单击命令按钮，即时窗口上显示的是____。

A. 72 36
B. 108 6
C. 72 6
D. 108 6

4. 以下关于过程的叙述中，错误的是____。

A. 事件过程是由某个事件触发而执行的过程

B. 函数过程的返回值可以有多个
C. 可以在事件过程中调用子过程
D. 可以在事件过程中调用函数过程

5. 在窗体上画三个标签、三个文本框(名称分别为 TextBox1、TextBox2、TextBox3)和一个命令按钮（名称为 Button1），外观如图所示：

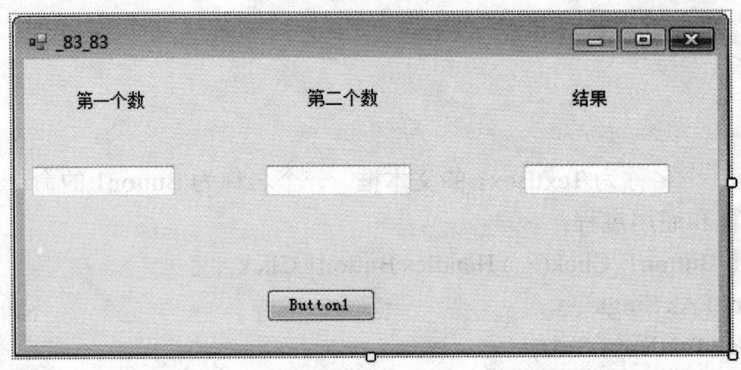

编写如下程序：
```
Private Sub form_Load(…) HandlesMyBase.Load
    TextBox1.Text = ""
    TextBox2.Text = ""
    TextBox3.Text = ""
End Sub
Private Sub Button1_Click(…) Handles Button1.Click
    Dim x%, y%
    x = Val(TextBox1.Text)
    y = Val(TextBox2.Text)
    TextBox3.Text = f(x, y)
End Sub
Function f (ByVal x As Integer, ByVal y As Integer)
    Dim tmp!
    DoWhile y <> 0
        tmp = x Mod y
        x = y
        y = tmp
    Loop
    f = x
End Function
```
运行程序，在 TextBox1 文本框中输入 6，在 TextBox2 文本框中输入 24，然后单击命令按钮，则在 TextBox3 文本框中显示的内容是____。

A. 4
B. 6
C. 8
D. 12

6. 在窗体上画一个命令按钮，名称为 Button1，然后编写如下程序：
    Dim Flag As Boolean
    Private Sub Button1_Click(…) Handles Button1.Click
        Dim intNum As Integer
        intNum = InputBox("请输入：")
        If Flag = True Then
            Label1.Text = f(intNum)
        End If
    End Sub
    Function f(ByVal X As Integer) As Integer
        Dim Y%
        If X < 10 Then
            Y = X
        Else
            Y = X + 10
        End If
        f = Y
    End Function
    Private Sub form_Click(…) HandlesMe.Click
        Flag = True
    End Sub
运行程序，首先单击窗体，然后单击命令按钮，在输入对话框中输入 11，则程序的输出结果为____。
A. 0
B. 11
C. 21
D. 无任何输出

7. 已知有下面的过程：
    Private Sub example(x As Integer, y As String, z As Boolean)
        ……
    End Sub
正确调用此过程的语句是____。

A. Call proc1(5)
B. Call proc1(5 , "abc" , False)
C. proc1("12", "abc",True)
D. proc1(5, "abc")

8. 有如下函数：
```
Function pro(ByVal x As Long, ByVal n As Integer) As Integer
    Dim count As Integer
    While x >= n
        x = x - n
        count = count + 1
    End While
    fun = count
End Function
```
该函数的返回值是____。
A. x 乘以 n 的乘积
B. x 加 n 的和
C. x 减 n 的差
D. x 除以 n 的商（不含小数部分）

9. 现有如下程序：
```
Private Sub Button1_Click(…) Handles Button1.Click
    Dim sum% = 0
    Dim i
    For i = 1 To 5
        sum = sum + fa(i + 1)
    Next
    Label1.Text = sum
End Sub
Public Function fa(ByVal x As Integer)
    Dim t%
    If x >= 10 Then
        t = x + 3
    Else
        t = x + 4
    End If
    fa = t
End Function
```

运行程序,则即时窗口上显示的是____。
A. 40
B. 49
C. 61
D. 70

10. 以下叙述中错误的是____。
A. 在通用过程中,多个形式参数之间可以用逗号作为分隔符
B. 在多维数组定义中,每维之间用逗号作为分隔符
C. 在 Dim 语句中,所定义的多个变量可以用逗号作为分隔符
D. 当一行中有多个语句时,可以用逗号作为分隔符

11. 在窗体上画一个名称为 Button1 的命令按钮,再画两个名称分别为 Label1、Label2 的标签,然后编写如下程序代码:
```
Imports System.Math
Public Class _195_195
    Private x, y As Integer
    Private Sub Button1_Click(…) Handles Button1.Click
        x = 25 : y = 3
        Call proc(x, y)
        Label1.Text = x
        Label2.Text = y
    End Sub
    Private Sub proc(ByVal a As Integer, ByVal b As Integer)
        x = Sqrt(a)
        y = b + b
    End Sub
End Class
```
程序运行后,单击命令按钮,则两个标签中显示的内容分别是____。
A. 25 和 3
B. 5 和 6
C. 25 和 6
D. 5 和 3

12. 某人为计算 n!(0<n<=12)编写了下面的函数过程:
```
Private Function fun(n As Integer)As Long
    Dim p As Long
    p = 1
```

```
        For k = n-1 To 2 Step - 1
            p = p * k
        Next k
        fun = p
    End Function
```
在调试时发现该函数过程产生的结果是错误的，程序需要修改。下面的修改方案中有 3 种是正确的，错误的方案是____。

A. 把 p = 1 改为 p = n
B. 把 For k = n - 1 To 2 Step - 1 改为 For k = 1 To n -1
C. 把 For k = n - 1 To 2 Step - 1 改为 For k = 1 To n
D. 把 For k = n - 1 To 2 Step - 1 改为 For k = 2 To n

13. 以下关于函数过程的叙述中，正确的是____。
A. 函数过程函数返回值的类型由形参的类型决定
B. 在函数过程中，过程的返回值可以有多个，也可以是一个
C. 当数组作为函数过程的参数时，既能以传值方式传递，也能以传址方式传递
D. 函数过程实参必须与形参保持个数相同，位置与类型一一对应

14. 在窗体上画一个命令按钮（名称为 Button1），并编写如下代码:
```
    Function Fun1(ByVal a As Integer, ByVal b As Integer) As Integer
        Dim t As Integer
        t = a - b
        b = t + a
        Fun1 = t + b
    End Function
    Private Sub Button1_Click(…) Handles Button1.Click
        Dim x As Integer
        x = 10
        Label1.Text = Fun1(Fun1(x, (Fun1(x, x - 1))), x - 1)
    End Sub
```
程序运行后，单击命令按钮，输出结果是____。
A. 10
B. 0
C. 11
D. 21

15. 有如下过程代码：
```
    Sub var_dim()
```

```
        Static numa As Integer
        Dim numb As Integer
        numa=numa+2
        numb=numb+1
        Debug.print(numa&" "&numb)
    End Sub
```
连续三次调用 var_dim 过程，第三次调用时的输出是____。
A. 2 1
B. 2 3
C. 6 1
D. 6 3

16. 标准模块中有如下程序代码：
```
    Module Module248
        Public x As Integer, y As Integer
        Sub var_pub()
            x = 5
            y = 15
        End Sub
    End Module
```
在窗体上有一个命令按钮，并有如下事件过程：
```
    Private Sub Button1_Click(…) Handles Button1.Click
        Dim x As Integer
        Call var_pub()
        x = x + 35
        y = y + 55
        Debug.Print(x &" "& y)
    End Sub
```
运行程序后单击命令按钮，即时窗口上显示的是____。
A. 35   35
B. 35   70
C. 40   70
D. 5   15

17. 下面是求最大公约数函数的首部：
    Function gcd(ByVal x As Integer,ByVal y As Integer) As Integer
若要输出 8、12、16 这 3 个数的最大公约数，下面正确的语句是____。
A. Debug.print gcd(8,12),gcd(12,16),gcd(16,8)

B. Debug.print gcd(8,12,16)
C. Debug.print gcd(8),gcd(12),gcd(16)
D. Debug.print gcd(8,gcd(12,16))

18. 下面定义窗体变量 a 的语句中错误的是____。
A. Dim a%
B. Private a%
C. Private a As Integer
D. Static a%

19. 设有一个命令按钮 Button1 的事件过程以及一个函数过程，程序如下：
```
Private Sub Button1_Click(…) Handles Button1.Click
    Static x As Integer
    x = f(x + x)
    Debug.Print(x)
End Sub
Private Function f(ByVal x As Integer) As Integer
    f = x + 5
End Function
```
连续单击命令按钮三次，第三次单击命令按钮后，即时窗口上显示的计算结果是____。
A. 5
B. 15
C. 25
D. 35

20. 设程序中有如下数组定义和过程调用语句：
```
Dim b(10) As Integer
......
Call proc(b)
```
如下过程定义，正确的是____。
A. Private Sub proc(ByVal b As Integer)
B. Private Sub proc(ByVal b() As Integer)
C. Private Sub proc(ByVal b(10) As Integer)
D. Private Sub proc(ByVal b(n) As Integer)

21. 窗体上有一个名称为 Button1 的命令按钮，其中部分代码如下：
```
Private Sub Button1_Click()
    Dim a(10) As Integer
```

```
        Dim n As Integer
        ……
        Call calc(a,n)
        ……
    End Sub
```
Calc 过程的首行应该是____。
A. Sub calc(ByVal x() As Integer, ByVal n As Integer)
B. Public Sub calc(ByVal x() As Integer)
C. Private Sub calc(ByVal a(n) As Integer, ByVal n As Integer)
D. Public Sub calc(ByVal a As Integer, ByVal n As Integer)

22. 设有如下程序：
```
    Sub f(ByRef x As Integer, ByRef y As Integer)
        x = 2 * x
        y = 2 * y + x
    End Sub
    Private Sub Button1_Click(…) Handles Button1.Click
        Dim a As Integer, b As Integer
        a = 6 : b = 15
        Call f(a, b)
        label1.text = Str(a) + Space(2) + Str(b)
    End Sub
```
程序运行后，单击命令按钮 Button1，输出结果为 ____。
A. 6   47
B. 12   42
C. 6   15
D. 12   35

23. 以下说法中正确的是____。
A. 事件过程的过程名是由程序设计者命名的
B. 事件过程通常放在标准模块中
C. 事件过程是用来处理由用户操作或系统激发的事件的代码
D. 事件过程也是过程，只能由其他过程调用

24. 在标准模块中用 Public 关键字定义的变量，其作用域为____。
A. 所有窗体
B. 整个工程
C. 所有标准模块

D. 本模块所有过程

25. 在窗体上画一个 Button1 命令按钮，然后编写如下事件过程和通用过程：
```
Sub Sa(ByRef a As Integer, ByRef b As Integer)
    b = a
    Dim t!
    t = a / b
    b = t Mod b
End Sub
Private Sub Button1_Click(…) Handles Button1.Click
    Dim x As Integer, y As Integer
    x = 5
    y = 4
    Sa(x, y)
    Label1.Text = Str(x) + Space(2) + Str(y)
End Sub
```
运行程序，单击命令按钮，输出结果是____。
A. 5 4
B. 1 4
C. 5 1
D. 1 1

26. 为了通过传地址方式来传送过程参数，在函数声明部分应使用的关键字为____。
A. ByRef
B. Value
C. Reference
D. ByVal

27. 有下列程序代码：
```
Private Sub Button1_Click(…) Handles Button1.Click
    Dim x As Integer, y As Integer, z As Integer
    Label1.Text = ""
    x = 1
    y = 2
    z = 3
    Call Procl(x, x, z)
    Call Procl(x, y, y)
End Sub
```

```
Private Sub Procl(ByVal x As Integer, ByVal y As Integer, ByVal z As Integer)
    x = 3 * z
    y = 2 * z
    z = x + y
    Label1.Text &= Str(x) + Space(1) & Str(y) & Space(1) & Str(z) + vbCrLf
End Sub
```
那么单击按钮时，程序代码的执行结果为____。

A.
  9,6,15
  6,4,10

B.
  9,6,15
  6,10,10

C.
  9,4,15
  6,15,10

D.
  9,6,10
  6,10,10

28. 窗体上有一个文本框 TextBox1 和一个命令按钮 Button1。程序的功能是在文本框中输入密码后单击命令按钮则进行密码确认，若密码正确，弹出信息框显示"密码正确"；若密码错误，弹出信息框显示"密码错误，请重新输入"；但最多允许输入 3 次，若还不正确，则弹出信息框显示"密码错误，不能再输入"，且命令按钮变为无效。某人编写了如下程序：

```
Private Sub Button1_Click(…) Handles Button1.Click
    Dim num As Integer
    num = num + 1
    If TextBox1.Text = "123456" Then
        MsgBox("密码正确")
    ElseIf num = 3 Then
        Button1.Enabled = False
        MsgBox("密码错误，不能再输入")
    Else
        MsgBox("密码错误，请重新输入")
    End If
End Sub
```
调试时发现有错误需要修改，下面正确的修改方案是____。

A. 把 Dim num As Integer 改为 Static num As Integer
B. 把 num = num + 1 改为 num = num + 3
C. 把 Button1.Enabled = False 改为 Button1.Enabled = True
D. 把 ElseIf num = 3 Then 改为 ElseIf num > 3 Then

29. 一个工程中含有窗体 Form1、Form2 和标准模块 Model1，如果在 Form1 中有语句：
    Public X As Integer
在 Model1 中有语句：
    Public Y As Integer
则以下叙述中正确的是____。
A. 变量 X、Y 的作用域相同
B. Y 的作用域是 Model1
C. 在 From1 中可以直接使用 X
D. 在 Form2 中可以直接使用 X 和 Y

30. Sub 过程与 Function 过程最根本的区别是____。
A. Sub 过程可以使用 Call 语句或直接使用过程名调用，而 Function 过程不可以
B. Function 过程可以有参数，Sub 过程不可以
C. 两种过程参数的传递方式不同
D. Sub 过程的过程名不能返回值，而 Function 过程能通过过程返回值

31. 单击一次命令按钮之后，下列程序代码的执行结果为____。
```
Private Function P(ByVal N As Integer)
    Static SUM
    Dim I%
    For I = 1 To N
        SUM = SUM + 1
    Next I
    P = SUM
End Function
Private Sub Button1_Click(…) Handles Button1.Click
    Dim S%, i%
    For i = 1 To 4
        S = P(i)
    Next i
    Label1.Text = S
End Sub
```
A. 135

B. 115
C. 35
D. 20

32. 使用 Public Const 语句声明一个全局的符号常量时，该语句应放在____。
A. 过程中
B. 窗体模块的通用声明段
C. 标准模块的通用声明段
D. 窗体模块或标准模块的通用声明段

33. 以下叙述中错误的是____。
A. 一个工程中可以包含多个窗体文件
B. 在一个窗体文件中用 Private 定义的通用过程能被其他窗体调用
C. 在设计 VB 程序时，窗体、标准模块、类模块等需要分别保存为不同类型的磁盘文件
D. 全局变量必须在标准模块中定义

34. 以下关于变量作用域的叙述中，正确的是____。
A. 窗体中凡被声明为 Private 的变量只能在某个指定的过程中使用
B. 全局变量必须在标准模块中声明
C. 模块级变量只能用 Private 关键字声明
D. Static 类型变量的作用域是它所在的窗体或模块文件

35. 在窗体上画一个名称为 Button1 的命令按钮和一个名称为 TextBox1 的文本框，然后编写如下程序：
  Private Sub Button1_Click(…) Handles Button1.Click
    Dim x, y, z As Integer
    x = 5
    y = 7
    z = 0
    TextBox1.Text = ""
    Call P1(x, y, z)
    TextBox1.Text = Str(z)
  End Sub
  Sub P1(ByVal a As Integer, ByVal b As Integer, ByVal c As Integer)
    c = a + b
  End Sub
程序运行后，如果单击命令按钮，则在文本框中显示的内容是____。
A. 0

B. 12
C. Str(z)
D. 没有显示

36. 窗体中有一个命令按钮，窗体运行，单击一次命令按钮之后，下列程序代码的执行结果为____。

```
Public Sub Proc(ByVal a() As Integer)
    Static i As Integer
    Do
        a(i) = a(i) + a(i + 1)
        i = i + 1
    Loop While i < 2
End Sub
Private Sub Button1_Click(…) Handles Button1.Click
    Dim m As Integer, i As Integer, x(10) As Integer
    Label1.Text = ""
    For i = 0 To 4 : x(i) = i + 1 : Next i
    For i = 0 To 2 : Call Proc(x) : Next i
    For i = 0 To 4 : Label1.Text &= x(i) & Space(1) : Next i
End Sub
```

A. 3 4 7 5 6
B. 1 2 3 4 5
C. 3 5 7 9 5
D. 1 2 3 5 7

37. 要想在过程调用后返回两个结果，下面的过程定义语句合法的是_____。
A. Sub Proc1（Byval n，Byval m）
B. Sub Proc1（Byref n，Byval m）
C. Sub Proc1（Byval n，Byref m）
D. Sub Proc1（Byref n，Byref m）

38. 设有如下说明：

```
Public Sub F1(ByRef x%)
    ……
    x=3*x+4
    ……
End Sub
Sub Button1_Click(…)Handles Button1.Click
```

```
        Dim x%, y%
        x=3
        y=5
        ……
        '调用 F1 语句
        ……
    End Sub
```
则在 Button1_Click 事件中，有效的调用语句是_____。
A. F1(x+y)
B. F1(y)
C. F1(5)
D. F1(x,y)

39. 在过程中定义的变量，若希望在离开该过程后，还能保存过程中局部变量的值，则应使用_____关键字在过程中定义过程级变量。
A. Dim
B. Private
C. Public
D. Static

40. 在单击了 10 次按钮后，静态变量 items 的值是_____。
```
    Private Sub Button1_Click（…）
        Static items As Integer = 1
        items += 1
    End Sub
```
A. 0
B. 1
C. 10
D. 11

41. 以下叙述中正确的是_____。
A. 一个 Sub 过程至少要有一个 Exit Sub 语句
B. 一个 Sub 过程必须有一个 End Sub 语句
C. 可以在 Sub 过程中定义一个 Function 过程，但不能定义 Sub 过程
D. 调用一个 Function 过程可以获得多个返回值

42. 下列最适合通过编写一个子过程来实现的工作是_____。
A. 已知三边，求三角形面积

B. 已知半径，求圆周长
C. 根据随机数，在窗体中移动 Label
D. 给定两个整数，求它们的最大公约数

43. 字符串函数 Mid 的声明如下：
    Public Function Mid(ByVal str As String, ByVal Start As Integer, ByVal Length As Integer) As String
下面关于调用 Mid 函数不正确的语句是_____。
   A. Dim s As String
      s = Mid("This is VB.NET", 9, 6)
   B. Dim s$
      s = Mid("This is VB.NET", 9)
   C. Dim s$, st$
      st = "I love NK"
      s = Mid(st, 8, 2)
   D. Dim s As String
      s = Mid(9, "This is VB.NET", 6)

44. 对于 VB. NET 语言的过程，下列叙述中正确的是_____。
   A. 过程的定义不能嵌套，但过程调用可以嵌套
   B. 过程的定义可以嵌套，但过程调用不能嵌套
   C. 过程的定义和调用都不能嵌套
   D. 过程的定义和调用都可以嵌套

45. 有过程定义如下：
    Private Sub fun(ByVal x As Integer,ByVal y As Integer,ByVal z As Integer)
则下列调用语句不正确的是_____。
   A. Call Fun(a,b,c)
   B. Call Fun(3,4,c)
   C. Fun a,,5
   D. Fun(a,b,c)

46. 在过程内定义的变量(不在语句块中)为_____。
   A. 全局变量
   B. 模块级变量
   C. 局部变量
   D. 静态变量

47. 下面语句合法的是_____。
A. Function f1%(ByVal n%)
B. Function f1(n As Integer)%
C. Sub s1(ByVal n%(10))
D. Sub S1%(n As Interger)

48. 在模块 MyModule 中定义的过程 ShowHelpInfo（如下所示），其访问权限为_____。
　　Public Module MyModule
　　　　……
　　　　Sub ShowHelpInfo(String info)
　　End Module
A. 仅在 MyModule 中可以使用
B. 在本项目中可以使用
C. 在本解决方案中可以使用
D. 在派生模块中可以使用

49. 在模块 MyModule 中定义的过程 ShowHelpInfo（如下），其访问权限为_____。
　　Public Module MyModule
　　　　……
　　　　Private Sub ShowHelpInfo(String info)
　　End Module
A. 仅在 MyModule 中可以使用
B. 在本项目中可以使用
C. 在本解决方案中可以使用
D. 在派生模块中可以使用

50. VB.NET 窗体中提供的 Hide 方法的作用是_____。
A. 销毁窗体对象
B. 关闭窗体
C. 将窗体极小化
D. 隐藏窗体

51. VB.NET 窗体对象的 Close 方法的作用是_____。
A. 极小化窗体
B. 隐藏窗体
C. 关闭窗体
D. 销毁窗体对象

52. 在窗体的成员方法中，关于 Close()和 Hide()说法不正确的是_____。
A. Close()方法关闭窗体，并销毁窗体对象
B. Close()方法关闭窗体，但并不销毁窗体对象
C. Hide()方法是窗体不可见，但不销毁窗体对象
D. Hide()方法隐藏了窗体，使用 Show()方法可重新显示该窗体

二、填空题

1. 如果在被调用的过程中改变了形参变量的值，但又不影响实参变量本身，这种参数传递方式称为_____。

2. 传地址方式是当过程被调用时，形参和实参共享_____。

3. 按照如下要求书写函数过程定义的首语句，即 Function_____定义语句，要求为：形参有两个，其中 a 为整型，b 为一维整型数组，函数过程名为 MyF，函数返回值为逻辑型。

4. 当形参是数组时，在过程体内对该数组执行操作时，为了确定数组的上界，应用_____函数。

5. VB 中的变量按其作用域可分为全局变量、模块级变量、_____变量和块级变量。

6. 编写如下程序：
```
    Dim x, y, z As Integer
    Private Sub Button1_Click(…) Handles Button1.Click
        x = 10 : y = 20 : z = 30
        z = fun(x)
        Label1.Text = Str(x) &","& Str(y) &","& Str(z)
    End Sub
    Public Function fun(ByVal y As Integer) As Integer
        Dim x, z As Integer
        x = 50
        y = z + 10
        fun = x + y
    End Function
```
程序运行后，单击命令按钮 Button1，输出结果为_____。

7. 单击命令按钮时，下列程序代码的执行结果为_____。
    Private Sub Button1_Click(…) Handles Button1.Click

```
        Dim FirstStr As String
        FirstStr = "hello world"
        Label1.Text = PickMid(FirstStr)
    End Sub
    Private Function PickMid(ByVal xStr As String) As String
        Dim i As Integer
        Dim tempStr As String, strLen As Integer
        tempStr = ""
        strLen = Len(xStr)
        i = 1
        DoWhile i <= strLen / 2
            tempStr = tempStr + Mid(xStr, i, 1) + Mid(xStr, strLen - i + 1, 1)
            i = i + 1
        Loop
        PickMid = tempStr
    End Function
```

8. 编写如下程序：
```
    Function Fun1(ByVal a As Integer, ByVal b As Integer) As Integer
        a = b * a
        b = 2 + a
        Fun1 = b
    End Function
    Private Sub Button1_Click(…) Handles Button1.Click
        Dim x As Integer
        x = 3
        Label1.Text = Fun1(Fun1(x, x - 1), x - 2)
    End Sub
```
程序运行后，单击命令按钮 Button1，输出结果为_____。

9. 如果两个质数的差为 2，就称这两个质数为质数对。下列程序代码输出 100 以内的质数对，空白处应填入_____。
```
    Private Sub Button1_Click(…) Handles Button1.Click
        Dim i As Integer
        Dim P1!, P2!
        Label1.Text = ""
        P1 = Abc(3)
        For i = 5 To 100 Step 2
```

```
            p2 = Abc(i)
            If P1 And P2 Then
                Label1.Text &= Str(i - 2) + Space(2) + Str(i) + vbCrLf
            EndIf
            _____
        Next i
    End Sub
    Public Function Abc(ByVal m As Integer) As Boolean
        Dim i As Integer
        Abc = True
        For i = 2 To Int(Math.Sqrt(m))
            If m Mod i = 0 Then Abc = False : ExitFor
        Next i
    End Function
```

10. 在窗体上画一个命令按钮，名称为 Button1，然后编写如下程序：
```
    Function Func(ByVal x As Integer, ByVal y As Integer)
        y = y * x
        If y < 0 Then
            Func = x
        Else
            Func = y
        End If
    End Function
    Private Sub Button1_Click(…) Handles Button1.Click
        Dim a, b, c As Integer
        label1.text = ""
        a = 3
        b = 2
        c = Func(a, b)
        Label1.Text = Str(a) + Space(2) + Str(b) + Space(2) + Str(c)
    End Sub
```
程序运行后，单击命令按钮，其输出结果为_____。

11. 如果一个正数从高位到低位上的数字递减，则称此数为降序数。例如，96321、52 等都是降序数。本程序当单击命令按钮时从键盘输入一个正整数，调用 numDec1 过程判断输入的数是否是降序数，并在单击事件过程中输出判断结果。
    Private Sub Button1_Click(…) Handles Button1.Click

```
        Dim n As Long, flag As Boolean
        n = InputBox("请输入一个正整数")
        Call numDec1(n, flag)
        If_____Then
            Label1.Text = Str(n) &"是降序数"
        Else
            Label1.Text = Str(n) &"不是降序数"
        End If
    End Sub
    Private Sub numDec1(ByVal n As Long, ByRef flag As Boolean)
        Dim x As String, i As Integer
        x = Trim(Str(n))
        For i = 1 To Len(x)
            If Mid(x, i, 1) < Mid(x, i + 1, 1) Then ExitFor
        Next i
        If i = Len(x) + 1 Then flag = True Else flag = False
    End Sub
```
根据上述程序，空缺部分应填写的代码为_____。

12. 单击命令按钮时，下列程序代码的执行结果为____。
```
    Dim a As Integer, b As Integer, c As Integer
    Private Sub Button1_Click(…) Handles Button1.Click
        a = 3 : b = 4 : c = 5
        Call Proc1(a, b)
        Label1.Text = "a="& a &" b="& b &" c="& c & vbCrLf
        Call Proc2(a, b)
        Label1.Text &= "a="& a &" b="& b &" c="& c
    End Sub
    Public Sub Proc1(ByVal x As Integer, ByVal y As Integer)
        Dim c As Integer
        x = 2 * x : y = y + 2 : c = x + y
    End Sub
    Public Sub Proc2(ByRef x As Integer, ByRef y As Integer)
        Dim c As Integer
        x = 2 * x : y = y + 2 : c = x + y
    End Sub
```

13. 实现将一个一维数组中元素向左循环移动，循环次数由文本框 TextBox1 输入。例如，数组各元素的值依次为 0、1、2、3、4、5、6、7、8、9、10，移位三次后，各元素的值依次为 8、9、10、0、1、2、3、4、5、6、7。

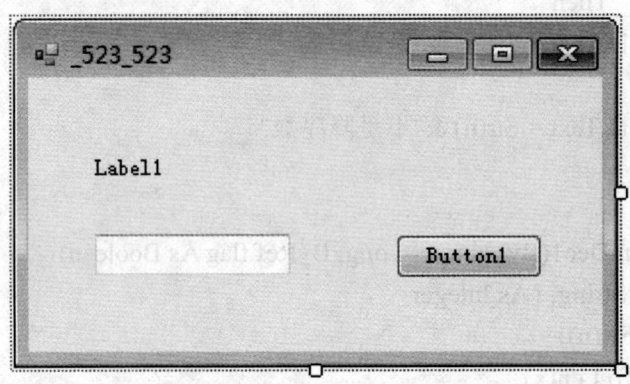

```
Private Sub Button1_Click(…) Handles Button1.Click
    Dim a (10) As Integer, i As Integer, j As Integer, k As Integer
    For i = 0 To 10
        a(i) = i
    Next i
    Label1.Text = ""
    j = Val(TextBox1.Text)
    k = 0
    Do
        k = k + 1
        MoveRight(a)
    Loop Until k = j
    For i = 0 To 10
        Label1.Text &= a(i) & Space(1)
    Next i
End Sub
Private Sub MoveRight(ByVal x() As Integer)
    Dim i As Integer, j As Integer, k As Integer
    i = UBound(x) : j = x(i)
    For k = i To LBound(x) + 1 Step -1
        x(k) = x(k - 1)
    Next k
    x(LBound(x)) = j
End Sub
```
程序的功能是_____。

14. 单击命令按钮时,下列程序代码的执行结果为_____。
    Private Function FirProc(ByVal x As Integer, ByVal y As Integer, ByVal z As Integer)
        FirProc = 3 * x + 2 * y + z
    End Function
    Private Function SecProc(ByVal x As Integer, ByVal y As Integer, ByVal z As Integer)
        SecProc = FirProc(z, x, y) + x
    End Function
    Private Sub Button1_Click(…) Handles Button1.Click
        Dim a As Integer, b As Integer, c As Integer
        a = 1 : b = 2 : c = 3
        Label1.Text = SecProc(c, b, a)
    End Sub

15. 单击命令按钮时,下列程序代码的执行结果为_____。
    Public Sub Proc1 (ByRef n As Integer, ByRef m As Integer)
        n = n Mod 10
        m = m \ 10
    End Sub
    Private Sub Button1_Click(…) Handles Button1.Click
        Dim x As Integer, y As Integer
        x = 12 : y = 34
        Call Proc1(x, y)
        Label1.Text = x &":"& y
    End Sub

16. 在窗体上画一个名称为 Button1 的命令按钮和三个名称分别为 Label1、Label2、Label3 的标签,然后编写如下代码:
    Private x As Integer
    Private Sub Button1_Click(…) Handles Button1.Click
        Static y As Integer
        Dim z, n As Integer
        n = 10
        z = n + z
        y = y + z
        x = x + z
        Label1.Text = x
        Label2.Text = y
        Label3.Text = z

End Sub
运行程序,连续三次单击命令按钮后,则三个标签中显示的内容分别是_____。

17. 单击窗体时,下列程序代码的执行结果为_____。
    Private Sub Value(ByVal m As Integer, ByVal n As Integer)
        m = m * 2 : n = n - 5
        Label1.Text = m & Space(2) & n
    End Sub
    Private Sub Button1_Click(…) Handles Button1.Click
        Dim x As Integer, Y As Integer
        x = 15 : Y = 10
        Call Value(x, Y)
        Label2.Text = x & Space(2) & Y
    End Sub

18. 设有如下通用过程:
    Public Function f(ByVal a As Integer)
        Dim b As Integer
        a = 10
        b = 2
        f = a * b
    End Function
    在窗体上画一个名称为 Button1 的命令按钮,然后编写如下事件过程:
    Private Sub Button1_Click(…) Handles Button1.Click
        Static a, b As Integer
        a = 20
        b = 5
        b = f(a)
        Label1.Text = a & Space(2) & b
    End Sub
    程序运行后,如果单击命令按钮,则在窗体上显示的内容是_____。

19. 下面的过程运行后,显示的结果是_____。
    Public Sub F1(ByRef n%, ByRef m%)
        n = n Mod 10
        m = m \ 10
    End Sub
    Private Sub Button1_Click(…) Handles Button1.Click

        Dim x%, y%
        x = 27 : y = 36
        Call F1(x, y)
        MsgBox(x &"   "& y)
    End Sub

20. 下面的程序的运行结果是_____。
    Private Sub Button1_Click(…) Handles Button1.Click
        Dim a%, b%, c%
        a = 2 : b = 4 : c = 6
        Call p1(a, b)
        MsgBox("a="& a &"b="& b &"c="& c)
        Call p2(a, b)
        MsgBox("a="& a &"b="& b &"c="& c)
    End Sub
    Public Sub p1(ByRef x!, ByRef y!)
        Dim c%
        x = 2 * x : y = y + 2 : c = x + y
    End Sub
    Public Sub p2(ByRef x!, ByVal y!)
        Dim c%
        x = 3 * x : y = y + 2 : c = x + 2 * y
    End Sub

21. 下面程序实现的功能是_____ 。
    Private Sub Button1_Click(…) Handles Button1.Click
        Dim m, n As Integer
        Dim c As Long
        m = InputBox("please input integral number M：")
        n = InputBox("please input integral number N(N<M):")
        c = jc(m) / jc(n) / jc(m - n)
        Label1.Text = "C=" & c
    End Sub
    Function jc(ByVal x As Integer) As Integer
        Dim i, j As Integer
        i = 1 : j = 1
        Do While i <= x
            j = j * i

```
            i = i + 1
        Loop
        jc = j
    End Function
```

22. 下面程序中，swap 过程实现的功能是_____。
```
    Private Sub Button1_Click(…) Handles Button1.Click
        Dim a As Integer
        Dim b As Integer
        a = 10
        b = 20
        Label1.Text = "a=" & Str(a) & ",b=" & Str(b)
        Call swap(a, b)
        Label2.Text = "a=" & Str(a) & ",b=" & Str(b)
    End Sub
    Public Sub swap(ByRef x%, ByRef y%)
        Dim temp As Integer
        temp = x
        x = y
        y = temp
    End Sub
```

23. 有如下过程：
```
    Private Sub Button1_Click(…)
        Dim a, b, c As Integer
        a = 10
        b = 23
        c = 15
        Max(a, b)
        Max(a, c)
        Label1.Text = a
        Label2.Text = b
        Label3.Text = c
    End Sub
    Private Sub Max(ByRef x As Integer, ByRef y As Integer)
        If x < y Then
            Dim t As Integer
            t = x
```

        x = y
        y = t
      End If
    End Sub
则 a、b、c 的值分别为_____。

24. 有如下过程：
    Public Sub Proc (ByRef a%())
      Static i%
      Do
        a(i) = a(i) + a(i + 1)
        i = i + 1
      Loop While i < 2
    End Sub
    Private Sub Button1_Click(…)
      Dim i%, x%(10)
      For i = 0 To 4
        x(i) = i + 1
      Next i
      For i = 1 To 2
        Call Proc(x)
      Next i
      For i = 0 To 4
        MsgBox(x(i))
      Next i
    End Sub
运行后，输出的结果为_____。

25. 下面程序中，prime 函数的功能是_____，按钮调用函数的功能是_____。
    Private Sub Button1_Click(…) Handles Button1.Click
      Dim n, k As Integer
      For n = 100 To 150 Step 2
        k = 3
        Do Until prime(k) = True And prime(n - k) = True
          k = k + 2
        Loop
        Debug.Print(n & "=" & k & "+" & n - k)
      Next

```
    End Sub
    Public Function prime(ByVal x As Integer) As Boolean
        Dim i As Integer
        prime = True
        For i = 2 To Sqrt(x)
            If x Mod i = 0 Then
                prime = False
                Exit For
            End If
        Next i
    End Function
```

26. 用自定义过程改写填空题 21。

27. 如图所示，在前两个文本框中输入两个数，第三个文本框输出两个数中比较大的那个数。请分别使用函数和自定义过程实现。

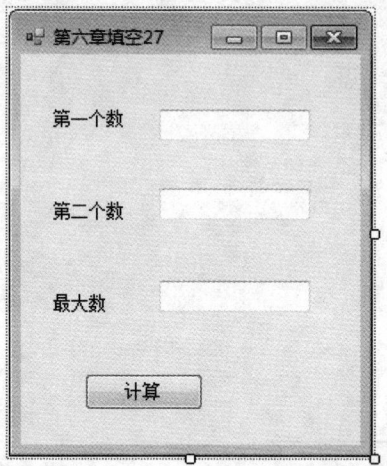

28. 编写如下程序，包含求 $\sum_{i=1}^{n} i$ 的函数过程，调用此函数求以下表达式的值。程序如下，空白处应该填写的命令是_____。

$$y = \frac{(1+2+3)+(1+2+3+4)+(1+2+3+4+5)}{(1+2+3+4+5+6)+(1+2+3+4+5+6+7)}$$

```
Private Sub Button1_Click(…) Handles Button1.Click
    Dim y As Double
    _____
    MsgBox("y="& y)
```

End Sub
Function sum(ByVal n As Integer) As Integer
    Dim i, s As Integer
    s = 0
    For i = 1 To n
        s = s + i
    Next
    sum = s
End Function

29. 编写八进制数与十进制数相互转换的程序，完成以下两个功能：
（1）过程 ReadOctal，读入八进制数，转换为等值的十进制数。
（2）过程 WriteOctal，将十进制正整数以等值的八进制形式输出。

第七章 用户界面设计

一、选择题

1. 设菜单中只有一个菜单项为 Quit。若要为该菜单命令设置访问键，即按下 Alt 及字母 Q 时，能够执行 Quit 命令，则在菜单编辑器中设置 Quit 命令的方式是_____。
A. 把 Text 属性设置为&Quit
B. 把 Text 属性设置为 Q&uit
C. 把 Name 属性设置为&Quit
D. 把 Name 属性设置为 Q&uit

2. 以下关于多重窗体程序的叙述中，错误的是_____。
A. 用 Hide 方法不但可以隐藏窗体，而且能清除内存中的窗体
B. 在多重窗体程序中，各窗体的菜单是彼此独立的
C. 在多重窗体程序中，可以根据需要指定启动窗体
D. 对于多重窗体程序，需要单独保存每个窗体

3. 在窗体上画一个名称为 OpenFileDialog1 的通用对话框、一个名称为 Button1 的命令按钮，然后编写如下事件过程：
    Private Sub Button1_Click(…) Handles Button1.Click
        OpenFileDialog1.FileName = ""
        OpenFileDialog1.Filter = "all file|*.*|(*.Doc)|*.Doc|(*.Txt)|*.Txt"
        OpenFileDialog1.FilterIndex = 2
        OpenFileDialog1.Title = "VBTest"
        OpenFileDialog1.ShowDialog()
    End Sub
对于这个程序，以下叙述中错误的是_____。
A. 该对话框为打开文件对话框
B. 在该对话框中指定的默认文件名为空
C. 该对话框的标题为 VBTest
D. 在该对话框中指定的默认文件类型为文本框（*.Txt）

4. 在用下拉式菜单设计器设计菜单时，必须输入的项是_____。
A. 快捷键（ShortCutKeys）
B. 文本（Text）
C. 分割线
D. 名称（Name）

5. 假定有一菜单项，名为 Menu1，为了运行时使该菜单项失效（变灰），应使用的语句为_____。
A. Menu1.Enabled=False
B. Menu1.Enabled=True
C. Menu1.Visible=True
D. Menu1.Visible=False

6. 假设已经在窗体上添加上一个通用对话框控件 OpenFileDialog1，以下正确的语句是_____。
A. OpenFileDialog1.Filter=ALL Files|*.*|Pictures(*.Bmp)|*.Bmp
B. OpenFileDialog1.Filter="ALL Files"|*.*|"Pictures(*.Bmp)"|*.Bmp
C. OpenFileDialog1.Filter={ALL Files|*.*|Pictures(*.Bmp)|*.Bmp}
D. OpenFileDialog1.Filter="ALL Files|*.*|Pictures(*.Bmp)|*.Bmp"

7. 以下叙述中错误的是_____。
A. 下拉式菜单和弹出式菜单都用菜单编辑器建立
B. 在多窗体程序中，每个窗体都可以建立自己的菜单系统
C. 所有菜单项都能接收 Click 事件
D. 如果把一个菜单项的 Enable 属性设置为 False，则该菜单项不可用

8. 下列关于 MenuStrip 的选项中叙述不正确的是_____。
A. 在一窗体的菜单项中，允许出现标题内容相同的菜单项
B. 在菜单的标题栏中，"&"符号所引导的字母指明了访问该菜单项的热键
C. 为菜单项指定快捷键需要利用 ShortcutKeys 属性
D. 如果把一个菜单项的 Enable 属性设置为 False，则该菜单项不可见

9. 以下关于 OpenFileDialog 的叙述中错误的是_____。
A. OpenFileDialog 的 ShowDialog 方法具有返回值
B. OpenFileDialog 仅作为一个输入输出界面，不能完成诸如打开文件、存储文件功能
C. FileName 属性表示对话框中选定或输入的文件名，包含文件的路径
D. Title 属性表示对话框中选定或输入的文件名，包含文件的路径

10. 如果要在菜单中添加一个分隔线，则应将其 Text 属性设置为_____。
A. =
B. *
C. &
D. -

11. 在用通用对话框控件建立"打开"或"保存"文件对话框时，如果需要指定文件列表框所列出的文件类型是文本文件（即.txt 文件），则正确的描述格式是_____。
A. "text (.txt)"|(*.txt)
B. "文本文件(.txt)|(*.txt)"
C. "text(.txt)||(*.txt)"
D. "text(.txt)(*.txt)"

12. 在下列关于菜单的说法中，错误的是_____。
A. 每个菜单项都是一个对象，也有自己的属性、事件和方法
B. 菜单项不能响应 DoubleClick 等事件
C. 菜单中的分隔符不是一个对象
D. 在程序执行时，如果菜单项的 Enabled 属性值为 False，则该菜单项变为灰色，不能被用户使用

13. 在下列关于菜单的说法中，错误的是_____。
A. 建立菜单分隔线的方法是在标题栏中输入一个"—"（减号）
B. 建立热键的方法是在热键字符输入时前面加上一个"&"符号，显示时下面就有下划线
C. 在 ContextMenuStrip 控件的 ContextMenuStrip 属性中设置与弹出式菜单的控件的关联
D. 若菜单项的 Checked 值为 True，则菜单项左边显示一个标记"√"表示选中

14. 窗体上有一个名称为 DKWJ1 的打开文件对话框、一个名称为 Button1 的命令按钮。命令按钮的单击事件过程如下：
    Private Sub Button1_Click(…) Handles Button1.Click
        DKWJ1.FileName = ""
        DKWJ1.Filter = "All Files|*. *|(*. Doc）|*. Doc|(*. Txt)|*.Txt"
        DKWJ1.FilterIndex = 2
        DKWJ1.ShowDialog()
    End Sub
关于以上代码，错误的叙述是____。
A. DKWJ1 的文件名为空
B. DKWJ1 的初始路径为当前路径
C. DKWJ1 的默认文件类型为*.Txt

D. 以上代码不对文件执行读写操作

15. 以下叙述中错误的是____。
A. 一个项目中可以包含多个窗体文件
B. 在一个窗体文件中用 Public 定义的通用过程不能被其他窗体调用
C. 窗体和标准模块分别保存为相同类型的文件
D. 用 Dim 定义的窗体层变量只能在该窗体中使用

16. 在窗体上画一个名称为 CD1 的通用对话框，并有如下程序：
    Private Sub _353_Load(…) HandlesMyBase.Load
        CD1.DefaultExt = "doc"
        CD1.FileName = "c:\file1.txt"
        CD1.Filter = "应用程序(*.exe)|*.exe"
        CD1.ShowDialog()
    End Sub
程序运行时，如果显示了"打开"对话框，在"文件类型"下拉列表框中的默认文件类型是____。
A. 应用程序(*.exe)
B. 应用程序
C. *.exe
D. 不确定

17. 以下描述中错误的是____。
A. 在多窗体应用程序中，可以有多个当前窗体
B. 多窗体应用程序的启动窗体可以在设计时设定
C. 多窗体应用程序中每个窗体作为一个磁盘文件保存
D. 多窗体应用程序可以编译生成一个 EXE 文件

18. 以下关于弹出式菜单的叙述中，错误的是____。
A. 一个窗体可以弹出多个弹出式菜单
B. 弹出式菜单在菜单编辑器中建立
C. 弹出式菜单的菜单名（主菜单项）的"可见"属性通常设置为 True
D. 要使程序运行后鼠标右键单击文本框 TextBox1 能弹出菜单，必须建立两者之间的关联

19. 在窗体上画一个名称为 OpenFileDialog1 的通用对话框、一个名称为 Button1 的命令按钮。要求单击命令按钮时,打开一个保存文件的通用对话框。缺省文件名为 SaveFile.txt,在"文件类型"栏中显示*.txt，默认打开路径是 C:\Windows。能够满足上述要求的程序

是____。

A.
```
Private Sub Button1_Click()
    OpenFileDialog1.FileName = "SaveFile.txt"
    OpenFileDialog1.InitialDirectory = "C:\\Windows"
    OpenFileDialog1.Filter = "All Files|*.*|(*.txt)|*.txt|*.doc|*.doc"
    OpenFileDialog1.FilterIndex = 2
End Sub
```

B.
```
Private Sub Button1_Click()
    OpenFileDialog1.FileName = "SaveFile"
    OpenFileDialog1.InitialDirectory = "D:\\Windows"
    OpenFileDialog1.Filter = "All Files|*.*|(*.txt)|*.txt|*.doc|*.doc"
    OpenFileDialog1.FilterIndex = 2
End Sub
```

C.
```
Private Sub Button1_Click()
    OpenFileDialog1.FileName = "SaveFile"
    OpenFileDialog1.InitialDirectory = "C:\\Windows"
    OpenFileDialog1.Filter = "All Files|*.*|(*.txt)|*.txt|*.doc|*.doc"
    OpenFileDialog1.FilterIndex = 1
End Sub
```

D.
```
Private Sub Button1_Click()
    OpenFileDialog1.FileName = "SaveFile.txt"
    OpenFileDialog1.InitialDirectory = "C:\\Windows"
    OpenFileDialog1.Filter = "All Files|*.*|*.doc|*.doc|(*.txt)|*.txt"
    OpenFileDialog1.FilterIndex = 2
End Sub
```

20. 下列关于菜单的说法中，错误的是____。
A. 每个菜单项都是一个控件，与其他控件一样也有其属性和事件
B. 除了 Click 事件之外，菜单项不可以响应其他事件
C. 菜单项的索引号可以不连续
D. 菜单项的索引号必须从 1 开始

21. 一个项目有两个窗体 Form1 与 Form2，如果要在 Form1 中编写代码，显示 Form2 窗体，同时不允许再对 Form1 进行操作，则正确的代码是____。

A. Form1.Show
B. Form1.ShowDialog
C. Form2.Show
D. Form2.ShowDialog

22. 设在菜单编辑器里定义了一个菜单项，名为 Sysmenu1。为了在运行时隐藏该菜单项，应使用的语句是____。
A. Sysmenu1.Enabled = True
B. Sysmenu1.Enabled = False
C. Sysmenu1.Visible = False
D. Sysmenu1.Visible = True

23. 在下列关于通用对话框的说法中，错误的是____。
A. 可以用 ShowDialog 方法打开
B. 可以用 Show 方法打开
C. 当单击了"取消"按钮后，ShowDialog 方法的返回值是 DialogResult.Cancel
D. 通用对话框是非用户界面控件

24. 在下列关于键盘事件的说法中，正确的是____。
A. 按键盘上的任意一个键都会引发 KeyPress 事件
B. 按大键盘上的"1"键和数字键盘上的"1"键的 e.KeyCode 的值相同
C. KeyDown / KeyUp 事件过程中可以使用 e.KeyChar
D. 大键盘上"4"键的上档字符是"$"，当同时按 Shift 和大键盘上的"4"时，KeyPress 事件过程中的 e.KeyChar 为"$"

25. 以下叙述中错误的是____。
A. 在 KeyPress 事件过程中能识别 Tab 键
B. 在 KeyPress 事件过程中不能识别回车键
C. 在 KeyDown 和 KeyUp 事件过程中，将键盘输入的"A"和"a"视作相同字母
D. 在 KeyDown 和 KeyUp 事件过程中，从大键盘输入的"1"和从小键盘输入的"1"被视作不同的字符

26. 菜单的_____属性用于设置菜单的快捷键。
A. 在 Text 属性中使用"&"符号
B. Keys
C. ShortcutKeys
D. ShowShortcutKeys

27. 下面的_____控件用于创建弹出式菜单。
   A. MenuStrip
   B. ContextMenuStrip
   C. ContainerMenuStrip
   D. ToolStrip

28. 一个窗体有菜单栏和工具栏，现需要将工具栏放到菜单栏的下方，应设置菜单栏的 Dock 属性的值为_____。
   A. Top
   B. Bottom
   C. Fill
   D. None

29. 下面的_____控件可用于创建颜色对话框。
   A. ColorDialog
   B. FontDialog
   C. OpenFileDialog
   D. SaveFileDialog

30. 对话框的数据通信中，可以通过在_____中定义公共变量实现。
   A. 窗体类
   B. 模块
   C. 窗体类以外的窗体代码窗口
   D. 以上都不对

31. 菜单控件常用的事件是_____。
   A. KeyPress
   B. Load
   C. MouseDown
   D. Click

32. 下面是非用户界面控件的是_____。
   A. 单选按钮
   B. 图片框
   C. 文本框
   D. 通用对话框

33. 下面是用户界面控件的是_____。
   A. OpenFileDialog 控件
   B. Timer 控件
   C. GroupBox 控件
   D. MainMenu 控件

34. 多窗体程序是由多个窗体组成的。在缺省的情况下，VB.NET 在应用程序执行时，总是把_____指定为启动窗体。
   A. 不包含任何控件的窗体
   B. 设计时的第一个窗体
   C. 包含控件最多的
   D. 命名为 Form1 的窗体

35. 默认情况下，运行窗体时，让窗体显示最小化图标的属性是_____。
   A. Text
   B. Icon
   C. MaximizeBox
   D. MinimizeBox

36. 要实现 ToolBar 控件设计的美观（出现图标形式），应该设置_____属性。
   A. ForeColor
   B. BackColor
   C. Text
   D. Image

37. 在 VB.NET 中，设置启动窗体的命令在_____菜单。
   A. 文件
   B. 视图
   C. 项目
   D. 工具

38. 要使窗体在运行时不可改变窗体大小且没有最大化和最小化按钮，只要对下列_____属性设置就有效。
   A. MinButton
   B. MaxButton
   C. FormBoderStyle
   D. Width

39. 为了取消窗体的最大化功能，需要设置_____属性为 False。
   A. MaximizeBox
   B. MinimizeBox
   C. ControlBox
   D. Enabled

40. 要使窗体在运行时不可改变大小，需对其_____属性进行设置。
   A. FormBorderStyle
   B. ControlBox
   C. Height
   D. Width

41. 如果 Forml 是启动窗体，并且 Forml 的 load 事件过程中有 Form2.Show，则程序启动后_____。
   A. 发生一个运行时错误
   B. 发生一个编译错误
   C. 在所有的初始化代码运行后 Forml 是活动窗体
   D. 在所有的初始化代码运行后 Form2 是活动窗体

二、填空题

1. 若菜单项中的某个字符之前加了一个_____，则该字符将成为热键。

2. 在菜单项的 Text 中，若输入_____，则菜单项成了分隔符。

3. 弹出菜单是通过_____控件创建的。

4. 可通过设置控件的_____属性将控件与一个弹出菜单建立关联。

5. 隐藏窗体的方法是_____。

6. 关闭窗体的方法是_____。

7. 当用户单击鼠标右键时，在 MouseDown、MouseUp 和 MouseMove 事件过程中，e.Button 的值为_____。

8. _____方法用于显示通用框。

9. 工具箱中的_____控件用于创建工具栏。

10. 下拉菜单的_____属性决定是否显示菜单项的快捷键符。

11. 打开文件对话框的_____属性用来确定文件列表框中所显示文件的类型，_____属性用来指定对话框的初始目录。

12. 保存文件对话框的_____属性用来设置默认文件名，_____属性设置默认扩展名。

13. 自定义对话框分为有模式的和无模式的两种类型，其中模式对话框的显示方法是_____，无模式对话框的显示方法是_____。

14. Form1要修改Form2上的文本框TextBox1的内容为abc,其语句是_____。

15. 工具栏的命令按钮的图标是通过_____属性设置的,设置_____属性可以在鼠标指向时显示文字。

16. FontDialog控件的_____属性用来获取或设置一个值,该值指示对话框是否包含允许用户指定删除线、下划线和文本颜色选项的控件。

17. 若想让菜单标题显示为"工具(T)",应把菜单项的Text属性值设置为_____。

18. 保存文件对话框的英文名称是_____。

19. 自定义对话框,要求这个对话框弹出后,不可以在其他窗体上进行操作,程序也不继续运行下去,则应该设置这个对话框为_____。

20. 菜单有下拉式菜单和_____两种基本类型。

答案部分

答案解答

第一章 VB.NET 入门基础答案

一、选择题

1. 答案：C
2. 答案：C
3. 答案：B
4. 答案：A
5. 答案：C
6. 答案：B
7. 答案：D
8. 答案：C
9. 答案：C
10. 答案：A
11. 答案：B
12. 答案：A
13. 答案：A
14. 答案：D
15. 答案：D
16. 答案：C
17. 答案：D
18. 答案：B
19. 答案：A
20. 答案：D
21. 答案：A
22. 答案：B
23. 答案：A
24. 答案：A
25. 答案：A
26. 答案：D
27. 答案：D
28. 答案：C

二、填空题

1. 答案：工具箱
2. 答案：字母
3. 答案：.vb
4. 答案：.VBPROJ
5. 答案：.SLN

6. 答案：添加模块

第二章 面向对象的可视化编程基础答案

一、选择题

1. 答案：D
2. 答案：B
3. 答案：C
4. 答案：C
5. 答案：C
6. 答案：A
7. 答案：C
8. 答案：B
9. 答案：A
10. 答案：C
11. 答案：C
12. 答案：A
13. 答案：A
14. 答案：B
15. 答案：B
16. 答案：A
17. 答案：A
18. 答案：D
19. 答案：B
20. 答案：A
21. 答案：B
22. 答案：C
23. 答案：A
24. 答案：C
25. 答案：D
26. 答案：C
27. 答案：B
28. 答案：B
29. 答案：A
30. 答案：C
31. 答案：B
32. 答案：B
33. 答案：B
34. 答案：B

35. 答案：A
36. 答案：C
37. 答案：A
38. 答案：A
39. 答案：C
40. 答案：B
41. 答案：C
42. 答案：A
43. 答案：D
44. 答案：D
45. 答案：C（提示：按钮不响应，但文本框可以响应）
46. 答案：B
47. 答案：D
48. 答案：D
49. 答案：A
50. 答案：C
51. 答案：D
52. 答案：A
53. 答案：D
54. 答案：C
55. 答案：A
56. 答案：A
57. 答案：C
58. 答案：D
59. 答案：A
60. 答案：B
61. 答案：A
62. 答案：D
63. 答案：B
64. 答案：D
65. 答案：A

二、填空题

1. 答案：动作
2. 答案：Font
3. 答案：SelectionStart
4. 答案：ReadOnly
5. 答案：0

6. 答案：对象名
7. 答案：Left
8. 答案：Top,Left
9. 答案：Width,Height
10. 答案：Image
11. 答案：Form1_Click
12. 答案：ControlBox
13. 答案：AutoSize
14. 答案：StretchImage
15. 答案：Focus
16. 答案：Enter
17. 答案：Leave
18. 答案：PictureBox1.Image=Image.FromFile("D:\windows\abc.jpg")
19. 答案：Image,ImageAlign
20. 答案：BackColor,Color.Transparent
21. 答案：BorderStyle
22. 答案：AutoSize
23. 答案：ScrollBar
24. 答案：PasswordChar
25. 答案：KeyPress
26. 答案：Load
27. 答案：6

第三章 VB.NET 程序设计基础答案

一、选择题
1. 答案：A
2. 答案：A
3. 答案：B
4. 答案：B
5. 答案：B
6. 答案：D
7. 答案：D
8. 答案：D
9. 答案：D
10. 答案：A
11. 答案：D
12. 答案：C
13. 答案：D

14. 答案：C
15. 答案：C
16. 答案：A
17. 答案：D
18. 答案：B
19. 答案：A
20. 答案：D
21. 答案：C
22. 答案：D
23. 答案：D
24. 答案：B
25. 答案：A
26. 答案：C
27. 答案：B
28. 答案：B
29. 答案：B
30. 答案：C
31. 答案：D
32. 答案：A
33. 答案：C
34. 答案：D
35. 答案：D
36. 答案：A
37. 答案：D
38. 答案：A
39. 答案：D
40. 答案：C
41. 答案：D
42. 答案：B
43. 答案：B
44. 答案：D
45. 答案：D
46. 答案：A
47. 答案：C
48. 答案：D
49. 答案：B
50. 答案：B
51. 答案：D

52. 答案：C
53. 答案：D
54. 答案：C
55. 答案：C
56. 答案：A
57. 答案：D
58. 答案：D
59. 答案：D
60. 答案：B
61. 答案：B
62. 答案：B
63. 答案：D
64. 答案：B
65. 答案：A
66. 答案：B
67. 答案：D
68. 答案：A
69. 答案：B
70. 答案：A
71. 答案：B
72. 答案：B
73. 答案：B（提示：这是一道考察运算符优先级的题目）
74. 答案：B
75. 答案：B
76. 答案：C
77. 答案：B
78. 答案：B
79. 答案：B
80. 答案：D
81. 答案：B
82. 答案：A
83. 答案：D
84. 答案：A
85. 答案：D

二、填空题
1. 答案：整型，Integer
2. 答案：False

3. 答案：-4
4. 答案：datediff("w",#12/1/2009#,#6/30/2010#) 或者 datediff("ww",#12/1/2009#,#6/30/2010#)
5. 答案：lcase(s)>="a" and lcase(s)<="z"
6. 答案：双精度，Double
7. 答案：-3
8. 答案：3
9. 答案：-4
10. 答案：4
11. 答案：x Mod 5=0 or x Mod 9=0 或者 x Mod 9=0 or x Mod 5=0
12. 答案：CDEF
13. 答案：x>0 and y>0 Or x<0 and y<0 或者 y>0 and x>0 Or x<0 and y<0 或者 x>0 and y>0 Or y<0 and x<0 或者 y>0 and x>0 Or y<0 and x<0
14. 答案：now 或者 now()
15. 答案：(35\20)*20=20
16. 答案：10+20=30
17. 答案：长整，Long
18. 答案：日期，Date
19. 答案：3
20. 答案：(x mod 10)*10+x\10
21. 答案：1
22. 答案：198.56
23. 答案：123445
24. 答案：14
25. 答案：10
26. 答案：157
27. 答案：12334
28. 答案：157
29. 答案：123445
30. 答案：s>= '0', and s<= 'q'
31. 答案：-1
32. 答案：2
33. 答案：False
34. 答案：4.3
35. 答案：8
36. 答案：54321.00
37. 答案：False
38. 答案：35
39. 答案：FG

40. 答案：31
41. 答案：True
42. 答案：121
43. 答案：-1
44. 答案：-17
45. 答案：InStr
46. 答案：32
47. 答案：Cos(a+b)^2+5*Exp(2)
48. 答案：((3*x+y)/z)^(1/2)/(x*y)^4
49. 答案：963221
50. 答案：False
51. 答案：0.5
52. 答案：12
53. 答案：1
54. 答案：6
55. 答案：1.6

第四章 基本控制结构答案

一、选择题
1. 答案：C
2. 答案：D
3. 答案：D
4. 答案：B
5. 答案：B
6. 答案：C
7. 答案：A
8. 答案：A
9. 答案：A
10. 答案：D
11. 答案：D
12. 答案：B
13. 答案：B
14. 答案：C
15. 答案：D
16. 答案：C
17. 答案：A
18. 答案：A
19. 答案：A

20. 答案：B
21. 答案：D
22. 答案：C
23. 答案：B
24. 答案：A
25. 答案：C
26. 答案：C
27. 答案：A
28. 答案：A
29. 答案：D
30. 答案：B
31. 答案：B
32. 答案：D
33. 答案：A
34. 答案：A
35. 答案：C
36. 答案：A
37. 答案：B
38. 答案：B
39. 答案：B
40. 答案：B
41. 答案：A
42. 答案：C
43. 答案：B
44. 答案：D
45. 答案：D
46. 答案：A
47. 答案：C
48. 答案：C
49. 答案：A
50. 答案：B
51. 答案：B
52. 答案：D
53. 答案：A
54. 答案：B
55. 答案：C
56. 答案：D
57. 答案：D

58. 答案：D
59. 答案：A
60. 答案：D
61. 答案：A
62. 答案：D
63. 答案：C
64. 答案：A
65. 答案：D
66. 答案：D
67. 答案：D
68. 答案：C
69. 答案：A
70. 答案：D
71. 答案：A
72. 答案：D
73. 答案：D
74. 答案：A
75. 答案：C
76. 答案：C
77. 答案：D
78. 答案：C
79. 答案：B
80. 答案：D
81. 答案：D
82. 答案：A
83. 答案：A
84. 答案：C
85. 答案：D
86. 答案：C
87. 答案：B
88. 答案：C
89. 答案：C
90. 答案：B
91. 答案：D
92. 答案：B
93. 答案：A
94. 答案：A
95. 答案：A

96. 答案：A
97. 答案：C
98. 答案：D
99. 答案：C
100. 答案：B
101. 答案：C
102. 答案：D
103. 答案：D
104. 答案：B
105. 答案：C
106. 答案：A
107. 答案：A
108. 答案：D
109. 答案：C
110. 答案：A
111. 答案：A
112. 答案：C
113. 答案：A
114. 答案：A
115. 答案：D
116. 答案：A
117. 答案：D
118. 答案：A

二、填空题

1. 答案：Mid(c,3,1)="C"
2. 答案：7
3. 答案：3
4. 答案：456aBc0
5. 答案：a=1,b=0
6. 答案：10
7. 答案："请输入平时成绩，期中成绩，期末成绩"，"计算最终成绩"，"100,100,100"
8. 答案：x=1000,i=4.0
9. 答案：sum=1.0
10. 答案：1，5
11. 答案：1-1-1-
12. 答案：15，0，4
13. 答案：3，21

14. 答案：6，55
15. 答案：2，3
16. 答案：32
17. 答案：7
18. 答案：海洋考试卫星
19. 答案：5
20. 答案：5
21. 答案：1
22. 答案：3，-3
23. 答案：9
24. 答案：0
25. 答案：19
26. 答案：BCABCD
27. 答案：20
28. 答案：20
29. 答案：software，hardware
30. 答案：InputBox("输入基本工资", "计算工资", 300)
31. 答案：15
32. 答案：A1B2C3D456
33. 答案：21
34. 答案：Enabled = True
35. 答案：17
36. 答案：5
37. 答案：4
38. 答案：2
39. 答案：11
40. 答案：Tick，Now()
41. 答案：6
42. 答案：Blue

第五章 数组答案

一、选择题
1. 答案：C
2. 答案：A
3. 答案：B
4. 答案：D
5. 答案：A
6. 答案：C

7. 答案：C
8. 答案：B
9. 答案：C
10. 答案：B
11. 答案：D
12. 答案：B
13. 答案：B
14. 答案：D
15. 答案：D
16. 答案：C
17. 答案：D
18. 答案：C
19. 答案：B
20. 答案：A
21. 答案：C
22. 答案：B
23. 答案：A
24. 答案：B
25. 答案：D
26. 答案：A
27. 答案：D
28. 答案：B
29. 答案：C
30. 答案：C
31. 答案：B
32. 答案：A
33. 答案：B
34. 答案：C
35. 答案：C
36. 答案：D
37. 答案：C
38. 答案：C
39. 答案：B
40. 答案：B
41. 答案：B（提示：数组只能从 0 开始，0 可以省略不写）
42. 答案：B（提示：与 40 题对应）
43. 答案：C
44. 答案：B

45. 答案：B（提示：Preserve 只能改变最后一维的大小，左边几维大小不能改变）
46. 答案：D
47. 答案：A
48. 答案：C
49. 答案：C
50. 答案：D
51. 答案：D
52. 答案：B
53. 答案：A
54. 答案：C

二、填空题
1. 答案：ReDim Preserve X(n+2)
2. 答案：20
3. 答案：Clear 或者 clear()
4. 答案：Simple
5. 答案：DropDown
6. 答案：Count
7. 答案：ListBox1.Text
8. 答案：9
9. 答案：60
10. 答案：5 7
11. 答案：2577
12. 答案：15
13. 答案：17
14. 答案：30
15. 答案：13
16. 答案：
    Private Sub ListBox1_Click(...)
        Label1.Text=ListBox1.Text
        ListBox1.Items.RemoveAt(ListBox1.SelectedIndex)
    End Sub
17. 答案：1 2 3
18. 答案：10   11
19. 答案：15
20. 答案：Debug.print(ListBox1.Text)
21. 答案：10
22. 答案：ListBox1.Text

23. 答案：9753
24. 答案：产生 10 个随机整数，存放在数组 arr 中，从键盘输入要删除的数组元素的下标，将该元素中的数据删除，后面元素中的数据依次前移，并显示删除后剩余的数据
25. 答案：10 8 6 4 2
26. 答案：c16
27. 答案：abc456
28. 答案：16
29. 答案：2,3,4,5,
30. 答案：25
31. 答案：26
32. 答案：23
33. 答案：10,9,8,7,
34. 答案：flowers &Café
35. 答案：40（提示：10 个元素，每个整型数据占四个字节）
36. 答案：

 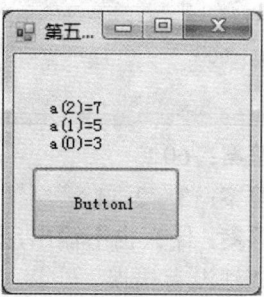

37. 答案：

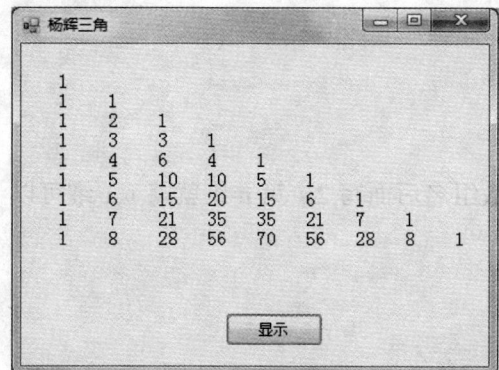

38. 答案：5
39. 答案：

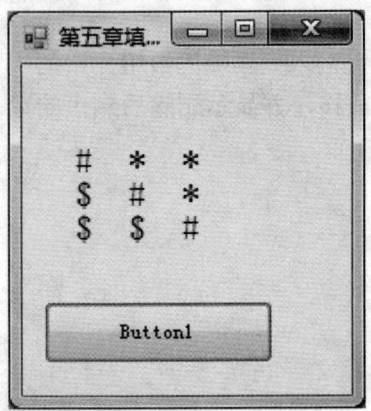

40. 答案：

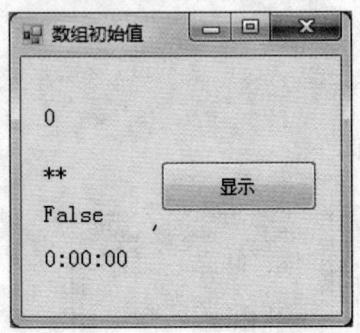

41. 答案：60
42. 答案：3 2 1
43. 答案：什么也不输出，因为在 for 命令中没有 step -1，循环不运行，但是也不会报错，语法没有错误
44. 答案：44
45. 答案：Redim file(n+2)
46. 答案：文本框
47. 答案：2536
48. 答案：0 或者零
49. 答案：UBound(Arr, 2)（提示：第二维就在数组名后面写 2，第 n 维就写 n,1 维可以省略不写）
50. 答案：

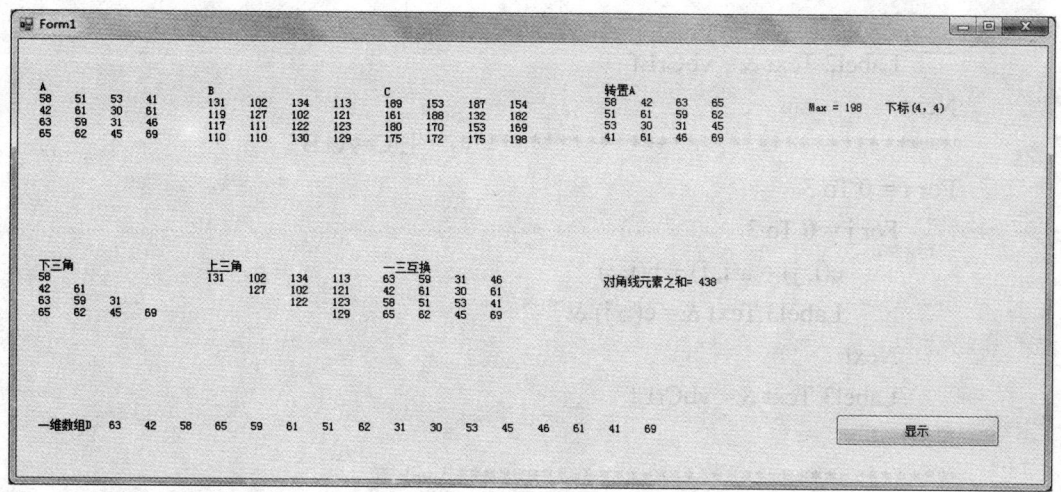

```
Private Sub Button1_Click(…) Handles Button1.Click
    Dim a(3, 3) As Integer, b(3, 3) As Integer, c(3, 3) As Integer
    Dim d(3, 3) As Integer, q(15) As Integer, i, j, s As Integer
    Dim temp As Integer
    Label1.Text = "A" & vbCrLf
    Label2.Text = "B" & vbCrLf
    Label3.Text = "C" & vbCrLf
    Label4.Text = "转置 A" & vbCrLf
    Label6.Text = "下三角" & vbCrLf
    Label7.Text = "上三角" & vbCrLf
    Label8.Text = "一三互换" & vbCrLf
    Label9.Text = "对角线元素之和= "
    Label10.Text = "一维数组 D    "
    '********************************产生 A
    For i = 0 To 3
        For j = 0 To 3
            a(i, j) = 30 + Int(Rnd() * 41)
            Label1.Text &= a(i, j) & "    "
        Next
        Label1.Text &= vbCrLf
    Next
    '********************************产生 B
    For i = 0 To 3
        For j = 0 To 3
            b(i, j) = 101 + Int(Rnd() * 35)
            Label2.Text &= b(i, j) & "    "
```

```vbnet
            Next
            Label2.Text &= vbCrLf
    Next
    '*********************************产生 C=A+B
    For i = 0 To 3
        For j = 0 To 3
            c(i, j) = a(i, j) + b(i, j)
            Label3.Text &= c(i, j) & "    "
        Next
        Label3.Text &= vbCrLf
    Next
    '*********************************A 转置
    For i = 0 To 3
        For j = 0 To 3
            d(i, j) = a(j, i)
            Label4.Text &= d(i, j) & "    "
        Next
        Label4.Text &= vbCrLf
    Next
    '*********************************求最大值
    Dim Max, iMax, jMax As Integer
    For i = 0 To 3
        For j = 0 To 3
            If Max < c(i, j) Then
                Max = c(i, j)
                iMax = i
                jMax = j
            End If
        Next
    Next
    Label5.Text = "Max = " & Max & "    " & "下标" & "(" & iMax + 1 & ", " & jMax + 1 & ")"
    '*********************************下三角
    For i = 0 To 3
        For j = 0 To i
            Label6.Text &= a(i, j) & "    "
        Next
        Label6.Text &= vbCrLf
```

```
        Next
        '*********************************上三角
        For i = 0 To 3
            Label7.Text &= Space(7 * i)
            For j = i To 3
                Label7.Text &= b(i, j) & "    "
            Next
            Label7.Text &= vbCrLf
        Next
        '*********************************一三行互换
        For i = 0 To 3
            temp = a(0, i)
            a(0, i) = a(2, i)
            a(2, i) = temp
        Next
        For i = 0 To 3
            For j = 0 To 3
                Label8.Text &= a(i, j) & "   "
            Next
            Label8.Text &= vbCrLf
        Next
        '*********************************对角线元素和
        For i = 0 To 3
            s = s + a(i, 3 - i) + a(i, i)
        Next
        Label9.Text &= s
        '*********************************放入一维数组
        For j = 0 To 3
            For i = 0 To 3
                q(4 * i + j) = a(j, i)
            Next
        Next
        For i = 0 To 15
            Label10.Text &= q(i) & "   "
        Next
End Sub
```

51. 答案:

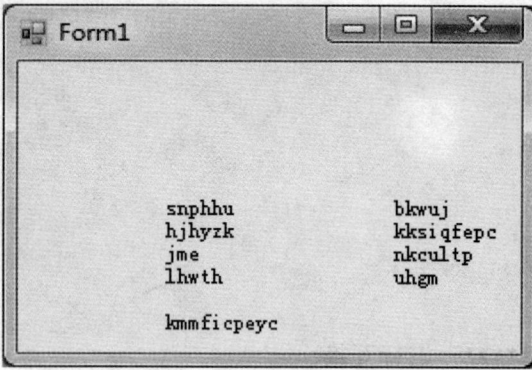

```
Private Sub Form1_Click(…) Handles Me.Click
    Dim s(19) As String, i As Integer, a(199) As Char, b(19) As Integer
    Dim j As Integer, lenthMax As Integer, n As String
    Label1.Text = ""
    For i = 0 To 199
        a(i) = Chr(Int(Rnd() * 26 + 97))
    Next
    For i = 0 To 19
        b(i) = (Rnd() * 10 + 1)
    Next
    For i = 0 To 19
        For j = 1 To b(i)
            s(i) &= a(10 * i + j - 1)
        Next
        Label1.Text &= s(i) & Space(20 - Len(s(i)))
        If i Mod 5 = 4 Then
            Label1.Text &= vbCrLf
        End If
    Next
    Label1.Text &= vbCrLf
    For i = 0 To 19
        If lenthMax < Len(s(i)) Then
            n = s(i)
            lenthMax = Len(s(i))
        End If
    Next
    Label1.Text &= n
End Sub
```

第六章 过程答案

一、选择题

1. 答案：B
2. 答案：B
3. 答案：B
4. 答案：B
5. 答案：B
6. 答案：C
7. 答案：B
8. 答案：D
9. 答案：A
10. 答案：D
11. 答案：B
12. 答案：B
13. 答案：D
14. 答案：B
15. 答案：C
16. 答案：B
17. 答案：D
18. 答案：D（提示：静态变量是过程级变量，不能声明成窗体变量）
19. 答案：D
20. 答案：B
21. 答案：A
22. 答案：C
23. 答案：C
24. 答案：B
25. 答案：C
26. 答案：A
27. 答案：A
28. 答案：A
29. 答案：C
30. 答案：D
31. 答案：D
32. 答案：D
33. 答案：B
34. 答案：D
35. 答案：A

36. 答案：C
37. 答案：D
38. 答案：B
39. 答案：D
40. 答案：D
41. 答案：B
42. 答案：C
43. 答案：D
44. 答案：A
45. 答案：C
46. 答案：C
47. 答案：A
48. 答案：C
49. 答案：A
50. 答案：D
51. 答案：C
52. 答案：B

二、填空题

1. 答案：按值传递
2. 答案：存储单元
3. 答案：MyF(ByVal a%, ByRef b%()) As Boolean
4. 答案：UBound()
5. 答案：局部或过程级
6. 答案：10,20,60
7. 答案：hdellrloow
8. 答案：10
9. 答案：P1 = P2
10. 答案：3   2   6
11. 答案：flag=True
12. 答案：
    a=3 b=4 c=5
    a=6 b=6 c=5
13. 答案：实现将一个一维数组中元素向左循环移动，循环次数由文本框 TextBox1 输入。例如，数组各元素的值依次为 0、1、2、3、4、5、6、7、8、9、10，移位三次后，各元素的值依次为 8、9、10、0、1、2、3、4、5、6、7
14. 答案：14
15. 答案：2:3

16. 答案：30　30　10
17. 答案：
    30 5
    15 10
18. 答案：20　20
19. 答案：7　3
20. 答案：
    a=4 b=6 c=6
    a=12 b=8 c=6
21. 答案：求组合数
22. 答案：交换两个形参的值
23. 答案：23　10　15
24. 答案：3 5 7 4 5
25. 答案：函数 prime 用于判断参数 x 是否为素数，调用函数实现将 100~150 之间的偶数拆分成两个素数之和
26. 答案：
    Dim j As Long
    Private Sub Button1_Click(…)
        Dim m, n As Integer
        Dim c As Long
        m = InputBox("please input integral number M：")
        n = InputBox("please input integral number N(N<M):")
        jc(m)
        c = j
        jc(n)
        c = c / j
        jc(m - n)
        c = c / j
        Label1.Text = "C=" & c
    End Sub
    Sub jc(ByVal x As Integer)
        Dim i As Integer
        i = 1 : j = 1
        Do While i <= x
            j = j * i
            i = i + 1
        Loop
    End Sub

27. 答案：
1) 使用自定义过程实现：
　　Private Sub Button1_Click(…) Handles Button1.Click
　　　　jisuansub()
　　End Sub
　　Sub jisuansub()
　　　　Dim x, y, temp As Integer
　　　　x = Val(TextBox1.Text)
　　　　y = Val(TextBox2.Text)
　　　　temp = x
　　　　If x < y Then
　　　　　　temp = y
　　　　End If
　　　　TextBox3.Text = temp
　　End Sub
2) 使用自定义函数实现：
　　Private Sub Button1_Click(…) Handles Button1.Click
　　　　TextBox3.Text = jisuanfun(Val(TextBox1.Text), Val(TextBox2.Text))
　　End Sub
　　Public Function jisuanfun(ByVal x As Integer, ByVal y As Integer) As Integer
　　　　If x > y Then
　　　　　　Return x
　　　　Else
　　　　　　Return y
　　　　End If
　　End Function
28. 答案：y = (sum(3) + sum(4) + sum(5)) / (sum(6) + sum(7))
29. 答案：

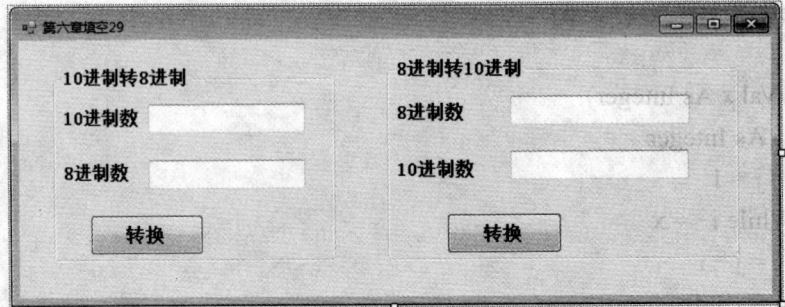

　　'oct_num 转 int_num （8 转 10）
　　Function readoctal(ByVal oct_num As String) As Single

```
        Dim n, i, t, s As Integer
        s = 0
        n = Len(oct_num)
        For i = 1 To n
            t = Val(Mid(oct_num, i, 1)) * 8 ^ (n - i)    '各位按权位求值
            s = s + t
        Next
        readoctal = s
    End Function
    'int_num 转 oct_num  （10 转 8）
    Function writeoctal(ByVal int_num As String) As Single
        Dim n, i, t As Integer, s As String
        Dim octstr(6) As String
        For i = 6 To 1 Step -1
            octstr(i) = int_num - Int(int_num / 8) * 8    '连除基数
            int_num = Int(int_num / 8)
        Next
        For i = 1 To 6
            s = s + (octstr(i))              '逆序取余
        Next
        writeoctal = Val(s)
    End Function
    Private Sub Button1_Click(…) Handles Button1.Click
        Dim a, b As Integer
        a = Val(TextBox1.Text)
        b = writeoctal(a)              '调用函数过程
        TextBox2.Text = Str(b)
    End Sub
    Private Sub Button2_Click_1(…) Handles Button2.Click
        Dim a, b As Integer
        a = TextBox3.Text
        b = readoctal(a)               '调用函数过程
        TextBox4.Text = Str(b)
    End Sub
```

第七章　用户界面设计答案

一、选择题
1. 答案：A

2. 答案：A
3. 答案：D
4. 答案：D
5. 答案：A
6. 答案：D
7. 答案：C
8. 答案：D
9. 答案：D
10. 答案：D
11. 答案：B
12. 答案：C
13. 答案：C
14. 答案：C
15. 答案：B
16. 答案：A
17. 答案：A
18. 答案：C
19. 答案：A
20. 答案：B
21. 答案：D
22. 答案：C
23. 答案：B
24. 答案：D
25. 答案：B
26. 答案：C
27. 答案：B
28. 答案：A
29. 答案：A
30. 答案：B
31. 答案：D
32. 答案：D
33. 答案：C
34. 答案：D
35. 答案：D
36. 答案：D
37. 答案：C
38. 答案：C
39. 答案：A

40. 答案：A
41. 答案：D

二、填空题
1. 答案：&
2. 答案：-(减号)
3. 答案：ContextMenuStrip
4. 答案：ContextMenuStrip
5. 答案：Hide
6. 答案：Close
7. 答案：MouseButtons.Right
8. 答案：ShowDialog()
9. 答案：ToolStrip
10. 答案：ShowShortcutKeys
11. 答案：Filter, InitialDirectory
12. 答案：FileName, DefaultExt
13. 答案：ShowDialog(), Show()
14. 答案：Form1.TextBox1.Text ="abc"
15. 答案：Image, ToolTopText
16. 答案：Font
17. 答案：工具(&T)
18. 答案：SaveFileDialog()
19. 答案：模式的
20. 答案：弹出式菜单